工业和信息化
精品系列教材

Web 前端开发系列丛书

Vue.js

U0237045

前端开发实战 第2版

黑马程序员 ® 编著

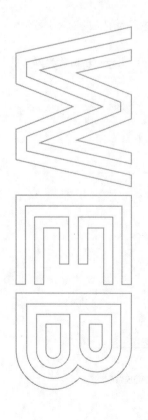

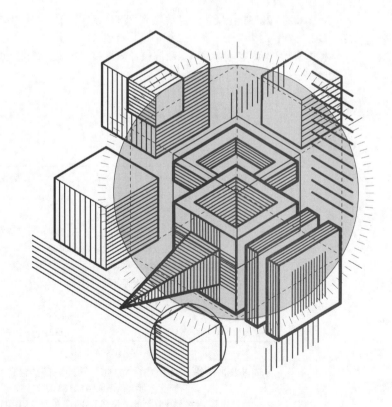

人民邮电出版社

北 京

图书在版编目（CIP）数据

Vue.js前端开发实战 / 黑马程序员编著. -- 2版
. -- 北京 : 人民邮电出版社, 2023.8
工业和信息化精品系列教材
ISBN 978-7-115-61815-3

Ⅰ. ①V… Ⅱ. ①黑… Ⅲ. ①网页制作工具—程序设
计—教材 Ⅳ. ①TP393.092.2

中国国家版本馆CIP数据核字(2023)第089943号

内 容 提 要

本书是一本系统性讲解 Vue.js 开发技术的教材。本书以通俗易懂的语言、丰富实用的案例，帮助读者快速掌握 Vue.js，引导读者学会运用 Vue.js 开发 Web 前端项目。

本书共 8 章。第 1 章讲解 Vue.js 的基本概念，以及如何创建项目；第 2 章至第 5 章讲解 Vue.js 开发基础、组件基础、路由等知识；第 6 章讲解常用 UI 组件库，包括 Element Plus、Vant 和 Ant Design Vue；第 7 章讲解网络请求和状态管理，包括 Axios、Vuex 和 Pinia；第 8 章讲解项目实战——"微商城"前后台开发。

本书配套丰富的教学资源，包括教学 PPT、教学大纲、源代码及习题等，为了帮助读者更好地学习本书中的内容，作者还提供了在线答疑，希望帮助更多读者。

本书适合作为高等教育本、专科院校计算机相关专业的教材，也可作为广大计算机编程爱好者的自学参考书。

◆ 编　著　黑马程序员
　　责任编辑　范博涛
　　责任印制　焦志炜

◆ 人民邮电出版社出版发行　　北京市丰台区成寿寺路 11 号
　　邮编　100164　电子邮件　315@ptpress.com.cn
　　网址　https://www.ptpress.com.cn
　　大厂回族自治县聚鑫印刷有限责任公司印刷

◆ 开本：787×1092　1/16
　　印张：13.5　　　　　　　　2023 年 8 月第 2 版
　　字数：331 千字　　　　　　2024 年 12 月河北第 7 次印刷

定价：49.80 元

读者服务热线：**(010)81055256**　印装质量热线：**(010)81055316**
反盗版热线：**(010)81055315**
广告经营许可证：京东市监广登字 20170147 号

专 家 委 员 会

FOREWORD

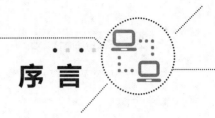

序　言

本书的创作公司——江苏传智播客教育科技股份有限公司（简称"传智教育"）作为我国第一个实现 A 股 IPO 上市的教育企业，是一家培养高精尖数字化专业人才的公司，主要培养人工智能、大数据、智能制造、软件开发、区块链、数据分析、网络营销、新媒体等领域的人才。传智教育自成立以来贯彻国家科技发展战略，讲授的内容涵盖了各种前沿技术，已向我国高科技企业输送数十万名技术人员，为企业数字化转型、升级提供了强有力的人才支撑。

传智教育的教师团队由一批来自互联网企业或研究机构，且拥有 10 年以上开发经验的 IT 从业人员组成，他们负责研究、开发教学模式和课程内容。传智教育具有完善的课程研发体系，一直走在整个行业的前列，在行业内树立了良好的口碑。传智教育在教育领域有 2 个子品牌：黑马程序员和院校邦。

一、黑马程序员——高端 IT 教育品牌

黑马程序员的学员多为大学毕业后想从事 IT 行业，但各方面的条件还达不到岗位要求的年轻人。黑马程序员的学员筛选制度非常严格，包括了严格的技术测试、自学能力测试、性格测试、压力测试、品德测试等。严格的筛选制度确保了学员质量，可在一定程度上降低企业的用人风险。

自黑马程序员成立以来，教学研发团队一直致力于打造精品课程资源，不断在产、学、研 3 个层面创新自己的执教理念与教学方针，并集中黑马程序员的优势力量，有针对性地出版了计算机系列教材百余种，制作教学视频数百套，发表各类技术文章数千篇。

二、院校邦——院校服务品牌

院校邦以"协万千院校育人、助天下英才圆梦"为核心理念，立足于中国职业教育改革，为高校提供健全的校企合作解决方案，通过原创教材、高校教辅平台、师资培训、院校公开课、实习实训、协同育人、专业共建、"传智杯"大赛等，形成了系统的高校合作模式。院校邦旨在帮助高校深化教学改革，实现高校人才培养与企业发展的合作共赢。

（一）为学生提供的配套服务

1. 请同学们登录"传智高校学习平台"，免费获取海量学习资源。该平台可以帮助同学们解决各类学习问题。

2. 针对学习过程中存在的压力过大等问题，院校邦为同学们量身打造了 IT 学习小助手——邦小苑，可为同学们提供教材配套学习资源。同学们快来关注"邦小苑"微信公众号。

（二）为教师提供的配套服务

1. 院校邦为其所有教材精心设计了"教案+授课资源+考试系统+题库+教学辅助案例"的系列教学资源。教师可登录"传智高校教辅平台"免费使用。

2. 针对教学过程中存在的授课压力过大等问题，教师可添加"码大牛"QQ（2770814393），或者添加"码大牛"微信（18910502673），获取最新的教学辅助资源。

前 言　　　　　　　　　　　　　　　PREFACE

本书在编写的过程中，结合党的二十大精神进教材、进课堂、进头脑的要求，将知识教育与思想品德教育相结合，通过案例加深学生对知识的认识与理解，让学生在学习新兴技术的同时了解国家在科技发展上的伟大成果，提升学生的民族自豪感，引导学生树立正确的世界观、人生观和价值观，进一步提升学生的职业素养，落实德才兼备、高素质和高技能的人才培养要求。

Vue.js 是目前流行的 Web 前端开发框架之一，它基于 MVVM（Model-View-ViewModel）模式，支持组件化开发，具有较高的开发效率。与 React、Angular 这两个 Web 前端开发框架相比，Vue.js 具有更加轻量级的特性，且提供了简洁、易于理解的 API（Application Programming Interface，应用程序编程接口），用户可以快速掌握开发技巧。

◆ 为什么要学习本书

本书的读者定位于想要从事 Web 前端开发相关工作，已经具备了 HTML5、CSS3、JavaScript 的基础知识，但是没有 Vue.js 基础或 Vue.js 基础比较薄弱的人群。本书详细讲解了 Vue.js 的相关知识，内容涵盖组件、路由、常用 UI 组件库、网络请求和状态管理等，力求帮助读者掌握解决实际问题的技能。

本书采用先易后难的方式部署章节顺序，在讲解知识时，以环环相扣的方式阐述每个技术的作用以及技术之间的联系，并通过实用的案例和项目，帮助读者提高对 Vue.js 的整体认识，积累开发经验。

◆ 如何使用本书

本书共 8 章，接下来分别对各章进行简要的介绍。

● 第 1 章主要讲解 Vue.js 的基本概念和开发环境。学习完本章后，读者能够对 Vue.js 有整体的认识，了解 Vue.js 出现的原因，能够搭建 Vue.js 的开发环境以及能够创建 Vue.js 项目。

● 第 2 章主要讲解 Vue.js 开发基础。通过对单文件组件、数据绑定、指令、事件对象、事件修饰符、计算属性、侦听器、样式绑定等基础知识的学习，读者能够完成一些简单项目的编写。

● 第 3 章和第 4 章主要讲解组件基础。通过这两章的学习，读者能够根据实际需要封装和使用组件，并能够掌握组件的可复用性。

● 第 5 章主要讲解路由。学习完本章后，读者能够了解路由的概念，能够使用 Vue Router 实现项目的路由功能。

● 第 6 章主要讲解常用 UI 组件库。通过对 Element Plus 组件库、Vant 组件库和 Ant Design Vue 组件库的学习，读者能够在实际开发中运用 UI 组件库实现想要的效果。

- 第 7 章主要讲解网络请求和状态管理。通过对 Axios、Vuex 和 Pinia 的学习，读者能够在项目中实现网络请求功能，并能够实现数据的状态管理。

- 第 8 章主要讲解"微商城"项目实战。通过对本章的学习，读者能够按照开发文档完成"微商城"网站前台和后台的开发，能够独立完成各个页面的编写，并能够掌握项目的开发思路和关键代码，积累项目开发经验。

在学习过程中如果遇到困难，读者可以登录"高校学习平台"，通过平台中的教学视频进行深入学习。在学习完每个知识点后，读者要及时在"高校学习平台"进行测试，以巩固所学内容。

另外，如果读者在学习某个知识点的过程中遇到困难，建议不要纠结，可以先往后学习。通过逐渐深入的学习，前面不懂或感到疑惑的知识点慢慢就理解了。在学习的过程中，读者一定要多动手实践。如果在实践的过程中遇到问题，建议读者多思考，厘清思路，认真分析问题发生的原因，积极解决问题，并在问题解决后总结经验。

◆ 致谢

本书的编写和整理工作由江苏传智播客教育科技股份有限公司完成，主要参与人员有高美云、韩冬、张瑞丹、梁志琪等，全体人员在近一年的编写过程中付出了很多辛勤的汗水，在此一并表示衷心的致谢。

◆ 意见反馈

尽管编者尽了最大的努力，但书中难免会有疏漏和不妥之处，欢迎读者朋友们提出宝贵意见，编者将不胜感激。读者在阅读本书时，如发现任何问题或不认同之处，可以通过电子邮件与编者联系。

请发送电子邮件至 itcast_book@vip.sina.com。

黑马程序员
2023 年 7 月于北京

目 录
CONTENTS

第 1 章

初识Vue.js

学习目标

★ 了解前端技术的发展，能够说出使用框架开发项目的优势

★ 了解什么是 Vue，能够说出 Vue 的基本概念

★ 了解 Vue 的特性，能够说出 Vue 的 4 个特性

★ 了解 Vue 的版本，能够说出 Vue 2 和 Vue 3 的区别

★ 掌握 Visual Studio Code 编辑器的使用方法，能够完成中文语言扩展、Volar 扩展的安装，以及使用 Visual Studio Code 编辑器打开项目并在项目中创建一个 HTML5 文档

★ 掌握 Node.js 环境的搭建，能够独立完成 Node.js 的下载和安装

★ 掌握常见的包管理工具的使用方法，能够应用 npm 和 yarn 相关命令下载、升级、卸载包

★ 掌握 Vite 的使用方法，能够使用 Vite 创建 Vue 3 项目

在前端开发中，一个优秀的框架可以帮助用户解决一些常见的问题，有助于高效地完成工作。Vue.js（简称 Vue）作为前端开发常用的框架之一，不仅可以提高项目的开发效率，而且可以改善开发体验。为了帮助读者对 Vue 有一个初步的认识，本章将对 Vue 的基础知识进行详细讲解。

1.1 前端技术的发展

前端开发的基础语言为 HTML、CSS 和 JavaScript。其中，HTML 用于搭建页面的内容结构；CSS 用于美化页面的显示效果；JavaScript 用于处理用户和页面之间的交互行为。

当开发大型交互式项目时，开发者需要编写大量的 JavaScript 代码来操作文档对象模型（Document Object Model，DOM）并处理浏览器的兼容性问题。随着项目功能的增多，代码的编写也越来越烦琐。为了简化 DOM 操作和减少开发过程中的浏览器兼容性问题，jQuery 提供了一个选择器引擎。它比其他引擎查询速度更快，并为不同浏览器之间的JavaScript 不兼容提供了隐式处理方法，因此 jQuery 深受开发人员的欢迎。jQuery 的核心思想是使开发人员仅编写少量的代码就能实现更多的功能。jQuery 通过对 JavaScript 代码的封装，使得

DOM 操作、事件处理、动画效果、异步 JavaScript 和 XML 技术（Asynchronous JavaScript and XML，Ajax）交互等功能的代码更加简洁，有效提高了项目的开发效率。

在移动互联网时代，前端技术被应用于移动端开发中。为了使移动端网页的使用体验更接近用户习惯，移动端网页通常会做成单页 Web 应用（Single Page Web Application）的形式。单页 Web 应用在使用过程中只需要加载一个 HTML 页面，而传统的网页是用户每单击一个链接都需要加载相应的 HTML 页面。需要说明的是，单页 Web 应用并不是只能显示一个页面。所谓"单页"是对浏览器而言的，而开发者可以利用 Ajax 技术实现逻辑上的页面切换的效果。

随着前后端分离开发模式的兴起，前端开发工作在整个项目中的占比越来越大。由于前端需要处理大量的数据，如果使用 jQuery 操作 DOM，开发效率比较低，因此 jQuery 已无法满足开发需求。为了提高开发效率，市面上出现了基于 MVVM 模式的前端开发框架，例如 Angular、React、Vue 等。这些框架以数据为核心，使用户关注业务逻辑的处理，减少了手动的 DOM 操作。这些框架还为开发者提供了一套开发规则，控制权在框架本身，用户需要按照框架的规范进行开发。与 jQuery 相比，使用框架开发的项目具有更高的开发效率、更好的可维护性、更强的可扩展性和更高的性能。在 Angular、React 和 Vue 这 3 个框架中，Vue 体积较小，在使用上更容易上手、更加灵活。

前端技术的发展提升了网页的用户体验感，使网页的功能更加强大，还提高了网页开发的效率。在学习前端技术时，我们要提高对新技术探索的热情，要敢于尝试，发扬创新精神。

▌▌▌多学一招：什么是单页 Web 应用

单页 Web 应用将所有的功能局限于一个 Web 页面中，仅在该页面的初始化时加载相应的资源（必要的 HTML、CSS 和 JavaScript 代码）。在页面加载完成后，所有的操作都在这个页面上完成，且不会因用户的操作而进行页面的重新加载或跳转，而是利用 JavaScript 动态地变换页面的内容，从而实现页面与用户的交互。

单页 Web 应用有以下 3 个优点。

① 良好的交互体验。在单页 Web 应用中，内容的改变不需要重新加载整个页面，响应速度更快。

② 良好的前后端分离开发模式。后端专注于提供 API，更容易实现 API 的复用。例如，一个项目有微信小程序端、App 端和 Web 端，后端只需提供一套 API，即使后端 API 通用化；前端专注于页面的渲染，更利于前端工程化发展。

③ 减轻服务器的压力。单页 Web 应用中的数据是通过 Ajax 获取的，不需要重新加载，服务器的压力较小。

任何一种技术都有局限性，对于单页 Web 应用来说，主要的问题有以下 2 个。

① 首屏加载慢，在首次加载时需要将页面中所用到的资源全部加载。

② 不利于搜索引擎优化（Search Engine Optimization，SEO）。对于单页 Web 应用，搜索引擎请求到的 HTML 页面可能不是包含所有数据的最终渲染页面，这样就很不利于内容被搜索引擎搜索到。

随着技术的进步，上述问题已经有了相应的解决方案。对于第 1 个问题，可以通过路由懒加载、代码压缩、网络传输压缩等方式解决；对于第 2 个问题，可以通过服务器端渲染（Server-Side Rendering，SSR）技术解决。

1.2　Vue 简介

Vue 自 2014 年诞生以来，因其具有学习成本低、文件体积小的优势，故深受开发者的欢迎。本节将对 Vue 的基本概念进行简要介绍，为读者学习后面的内容打下基础。

1.2.1　什么是 Vue

Vue（读音：/Vju:/）是一款用于构建用户界面的渐进式框架。其中，"渐进式"是指在使用 Vue 核心库时，可以在核心库的基础上根据实际需要逐步增加功能。使用 Vue 进行项目开发具有以下优势。

① 轻量级。Vue 是一个轻量级的前端开发框架，文件体积小。

② Vue 项目基于 JavaScript 语言开发，开发者不用单独学一门陌生的语言，从而降低了学习的门槛。

③ Vue 在使用上比较灵活，开发人员可以选择使用 Vue 开发一个全新的项目，也可以将 Vue 引入现有项目。

④ Vue 通过虚拟 DOM 技术减少对 DOM 的直接操作，并通过尽可能简单的 API 来实现响应的数据绑定，可支持单向和双向数据绑定。

⑤ Vue 支持组件化开发，可提高项目的开发效率和可维护性，使代码更易于复用，便于团队的协同开发。

⑥ Vue 可以与前端开发中用到的一系列工具以及各种支持库结合使用，以实现前端工程化开发，从而提高了项目的开发效率，降低了大型项目的开发难度。

Vue 是基于 MVVM 模式的框架。MVVM 主要包含 Model（数据模型）、View（视图）和 ViewModel（视图模型）。其中，Model 是指数据部分，负责业务数据的处理；View 是指视图部分，即用户界面，负责视图处理；ViewModel 用于连接视图与数据模型，负责监听 Model 或者 View 的改变。Vue 的基本工作原理如图 1-1 所示。

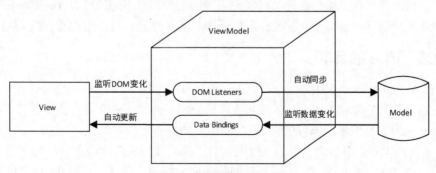

图1-1　Vue的基本工作原理

如图 1-1 所示，View 和 Model 不能直接通信，它们需要借助 ViewModel 才能进行通信。ViewModel 相当于一个观察者，监控着 View 和 Model 的动作，实现了 View 与 Model 的解耦。

ViewModel 包含 DOM Listeners 和 Data Bindings。其中，DOM Listeners 用于监听 View 中

的 DOM 变化，并在 DOM 变化时通知 Model 做出相应的修改；Data Bindings 用于监听 Model 中的数据变化，并在数据变化时通知 View 做出相应的修改。

1.2.2　Vue 的特性

在了解了 Vue 的基本概念后，接下来将对 Vue 的特性进行简单介绍。

1. 数据驱动视图

在使用 Vue 的页面中，Vue 会监听数据变化。当页面数据发生变化时，Vue 会自动重新渲染页面结构，如图 1-2 所示。

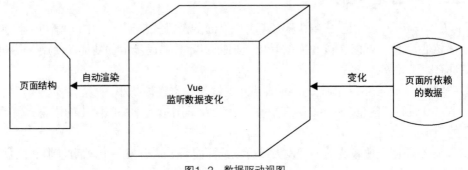

图1-2　数据驱动视图

2. 双向数据绑定

Vue 实现了双向数据绑定，即当数据发生变化时，视图也会发生变化；当视图发生变化时，数据也会跟着同步变化。例如，用户在填写表单时，双向数据绑定可以辅助开发者在无须手动操作 DOM 的前提下，自动同步用户填写的内容数据，从而获取表单元素最新的值。

3. 指令

指令主要包括内置指令和自定义指令，内置指令是 Vue 本身自带的指令，而自定义指令是由用户自己定义的指令。指令的名称以 "v-" 开头，作用于 HTML 中的元素。将指令绑定在元素上时，指令会给绑定的元素添加一些特殊的行为。例如，v-bind 指令用于实现单向数据绑定，v-if 指令用于实现页面条件渲染，v-for 指令用于实现页面列表渲染等。

4. 插件

Vue 支持插件，通过加载插件可以实现更多的功能。常用的插件有 Vue Router（路由）、Vuex（状态管理库）、Pinia（轻量级状态管理库）等，这些插件经过简单配置就可以使用。

1.2.3　Vue 的版本

目前，Vue 共有 3 个大版本，分别是 Vue 1、Vue 2 和 Vue 3。其中，Vue 1 几乎被淘汰，不建议学习与使用；Vue 2 和 Vue 3 目前被广泛应用，并且 Vue 3 将会逐步替代 Vue 2。本书将以 Vue 3 为主、Vue 2 为辅的方式进行知识点的讲解。

Vue 3 支持 Vue 2 中绝大多数的 API 与特性，同时 Vue 3 还新增了一些特有的功能，并废弃了 Vue 2 中的一些旧功能。Vue 3 新增的功能包括组合式（Composition）API、多根节点组件等；废弃的旧功能包括过滤器（Filter）以及 $on( )、$off( ) 和 $once( ) 实例方法等。虽然从表面上看，Vue 3 和 Vue 2 的使用方式没有太大的差异，但 Vue 3 的底层代码发生了很大变化，包括渲染、数据监听、双向绑定、生命周期等。

Vue 3 的新特性如下。

① 体积更小，采用按需编译的方式编译出来的文件体积比 Vue 2 的小。

② 性能提升，运行速度比 Vue 2 快 1.5 倍左右。

③ 具有更好的 TypeScript 支持。

④ 暴露了更底层的 API，可以通过多种方式组织代码，代码使用上更加灵活。

⑤ 提供了更先进的组件。Vue 创建了一个虚拟的 Fragment 节点，允许组件中有多个根节点。

⑥ 提供组合式 API，能够更好地组合逻辑、封装逻辑、复用逻辑。

为了提高开发效率，开发者可以在项目中添加 UI 组件库。UI 组件库可以理解成一个可重复使用的界面设计元素的集合体，使用它可以更快速地开发用户界面。目前，主流 UI 组件库都已经发布了支持 Vue 3 的版本，常用的 UI 组件库如下。

① Element Plus 组件库：一款基于 Vue 3 的桌面端组件库。

② Vant 组件库：一款开源移动端组件库，它从 3.0 版本开始支持 Vue 3。

③ Ant Design Vue 组件库：一款用于开发和服务企业级后台产品的组件库，它从 2.0 版本开始支持 Vue 3。

1.3　Vue 开发环境

"工欲善其事，必先利其器"。在使用 Vue 开发项目之前，要先搭建出项目的开发环境。本节将对 Vue 开发环境用到的一些软件进行详细讲解，包括 Visual Studio Code 编辑器、Node.js 环境以及常见的包管理工具。

1.3.1　Visual Studio Code 编辑器

Visual Studio Code（简称 VS Code）是由微软公司推出的一款免费、开源的代码编辑器，一经推出便受到开发者的欢迎。对于前端开发人员来说，一个强大的编辑器可以使开发变得简单、便捷、高效。本书选择使用 VS Code 编辑器进行 Vue 项目的开发。

VS Code 编辑器具有以下特点。

① 轻巧、极速，占用系统资源较少。

② 具备代码智能补全、语法高亮显示、自定义快捷键和代码匹配等功能。

③ 跨平台，可用于 macOS、Windows 和 Linux 操作系统。

④ 主题界面的设计比较人性化。例如，可以快速查找文件并直接进行开发，可以通过分屏显示代码，可以自定义主题颜色，以及可以快速查看已打开的项目文件和项目文件结构。

⑤ 提供丰富的扩展，用户可根据需要自行下载和安装扩展。

下面讲解如何下载和安装 VS Code 编辑器、如何安装中文语言扩展、如何安装 Volar 扩展，以及如何使用 VS Code 编辑器。

1. 下载和安装 VS Code 编辑器

打开浏览器，登录 VS Code 编辑器的官方网站，如图 1-3 所示。

在图 1-3 所示的页面中，单击 "Download for Windows" 按钮，该页面会自动识别当前的操作系统并下载相应的安装包。如果需要下载其他系统的安装包，可以单击按钮右侧的小箭头 "▾" 打开下拉菜单，就会看到其他系统的安装包对应的下载图标，如图 1-4 所示。

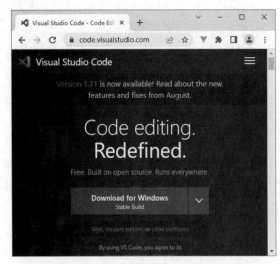
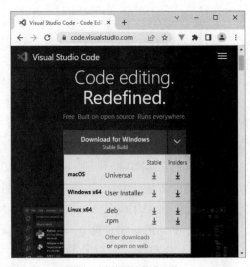

图1-3　VS Code编辑器的官方网站　　　　　　　　图1-4　其他系统的安装包

下载 VS Code 编辑器的安装包后，在下载目录中找到该安装包，如图 1-5 所示。

图1-5　VS Code编辑器的安装包

双击图 1-5 所示的图标，启动安装程序，然后按照程序的提示一步一步进行操作，直到安装完成。

将 VS Code 编辑器安装成功后，启动该编辑器，即可进入 VS Code 编辑器的初始界面，如图 1-6 所示。

图1-6　VS Code编辑器的初始界面

2．安装中文语言扩展

将 VS Code 编辑器安装完成后，该编辑器的默认语言是英文。如果想要切换为中文，首先单击图 1-6 中左侧边栏中的"███"图标按钮进入扩展界面，然后在搜索框中输入关键词"chinese"找到中文语言扩展，单击"Install"按钮进行安装，如图 1-7 所示。

图1-7　安装中文语言扩展

安装成功后，需要重新启动 VS Code 编辑器，中文语言扩展才可以生效。重新启动 VS Code 编辑器后，VS Code 编辑器的中文界面如图 1-8 所示。

从图 1-8 可以看出，当前 VS Code 编辑器已经显示为中文界面。

图1-8　VS Code编辑器的中文界面

3．安装 Vue-Official 扩展

Vue-Official 扩展是 Vue 官方为 VS Code 提供的扩展，主要用于为".vue"单文件组件

（Single-File Component，SFC）提供智能识别 Vue 模板语法、TypeScript、代码补全和语法高亮等功能，此外，它还支持通过拖曳的方式导入组件。

Vue – Official 扩展的安装方法与中文语言扩展的安装方法类似，只需在扩展界面的搜索框中输入关键词"Official"，搜索到"Vue – Official"扩展后进行安装即可。

4. 使用 VS Code 编辑器

在实际开发中，开发一个项目需要先创建项目文件夹，以便于保存项目中的文件。接下来演示如何创建项目文件夹，如何使用 VS Code 编辑器打开项目文件夹，以及如何创建一个 HTML5 文档，具体步骤如下。

① 在 D:\vue 目录下创建一个项目文件夹 chapter01。

② 在 VS Code 编辑器的菜单栏中选择"文件"→"打开文件夹"命令，然后选择 chapter01 文件夹。打开文件夹后的界面如图 1-9 所示。

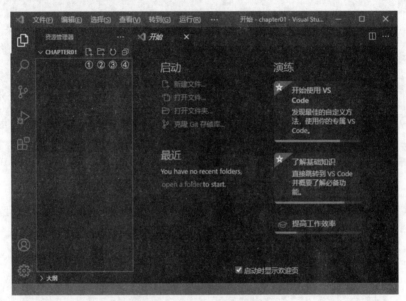

图1-9　打开文件夹后的界面

在图 1-9 所示的界面中，资源管理器用于显示项目的目录结构，当前打开的 chapter01 文件夹的名称会被显示为 CHAPTER01。该名称的右侧有 4 个快捷操作按钮，图中标注的按钮①用于新建文件，按钮②用于新建文件夹，按钮③用于刷新资源管理器，按钮④用于折叠文件夹。

③ 单击按钮①，输入要创建的文件名称 index.html，即可创建该文件。此时创建的 index.html 文件是一个空白的文档，在该文档中，输入"html:5"，VS Code 会给出智能提示，然后按"Enter"键会自动生成一个 HTML5 文档结构，示例代码如下。

```
<!DOCTYPE html>
<html lang="en">
<head>
  <meta charset="UTF-8">
  <meta http-equiv="X-UA-Compatible" content="IE=edge">
  <meta name="viewport" content="width=device-width, initial-scale=1.0">
  <title>Document</title>
</head>
```

```
<body>

</body>
</html>
```

从上述代码可以看出，基础的 HTML5 文档结构已经创建完成。

1.3.2　Node.js 环境

在后面学习使用 Vite 创建 Vue 项目时，需要用到 Node.js。Node.js 是一个基于 V8 引擎的 JavaScript 运行环境，提供了一些功能性的 API，例如文件操作 API、网络通信 API 等。接下来对 Node.js 的安装进行详细讲解。

打开 Node.js 官网，找到 Node.js 的下载地址，如图 1-10 所示。

从图 1-10 可以看出，Node.js 有两个版本，分别是 16.17.0 LTS 和 18.9.0 Current。其中，LTS（Long Term Support）表示提供长期支持的版本，只进行 bug 修复且版本稳定，因此有很多用户在使用；Current 表示当前发布的新版本，增加了一些新特性，有利于进行新技术的开发和使用。这里选择下载 16.17.0 LTS 版本，下载完成后会得到一个名称为 node-v16.17.0-x64.msi 的安装包文件。

双击 node-v16.17.0-x64.msi 安装包图标，会弹出安装向导窗口，如图 1-11 所示。

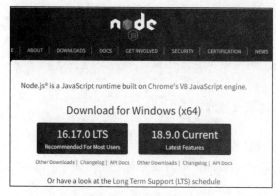

图1-10　Node.js官网

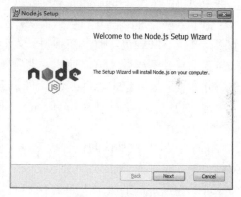

图1-11　安装向导窗口

安装过程全部使用默认值。安装完成后，测试一下 Node.js 是否安装成功，具体步骤如下。

① 按 "Windows+R" 组合键，打开 "运行" 对话框，输入 "cmd"。在 "运行" 对话框中输入 "cmd" 后的效果如图 1-12 所示。

② 单击 "确定" 按钮或者直接按 "Enter" 键，会打开命令提示符，如图 1-13 所示。

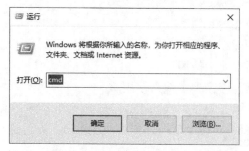

图1-12　在 "运行" 对话框中输入 "cmd" 后的效果

图1-13　命令提示符

③ 在命令提示符中，输入命令"node –v"，其中 v 是 version 的简写，表示版本。命令输入完成后，按"Enter"键，查看当前安装的 Node.js 版本，如图 1-14 所示。

图1-14　查看当前安装的Node.js版本

从图 1-14 可以看出，当前已经成功安装了 Node.js，版本为 16.17.0。

若想要退出命令提示符，可以输入"exit"并按"Enter"键，或者单击右上角的"✕"关闭按钮退出。

1.3.3　常见的包管理工具

在 Vue 项目开发中，经常需要通过各种第三方的包（package）来扩展项目的功能。"包"可以理解为将一系列模块化的代码打包起来，形成一个包，以便于使用。项目中所用到的包称为项目的依赖（dependency）。

为了方便管理第三方的包，需要用到包管理工具。包管理工具可以让开发人员轻松地下载、升级、卸载包。假设在项目开发时，没有包管理工具，若想使用第三方包，则每次都需要下载、解压后才可以使用，非常烦琐。而使用包管理工具，只需通过一条命令即可下载并安装第三方包，非常方便，而且还可以指定下载的版本等。

常见的包管理工具有 npm 和 yarn，下面分别进行介绍。

1．npm

npm 是 Node.js 默认的包管理工具，它可以安装、共享、分发代码，还可以管理项目的依赖关系。在安装 Node.js 时会自动安装相应版本的 npm，不需要单独安装，使用"npm –v"命令可以查看 npm 的版本，如图 1-15 所示。

图1-15　查看npm的版本

从图 1-15 可以看出，当前安装的 npm 版本为 8.15.0。

使用 npm 包管理工具可以解决以下场景的需求。

① 从 npm 服务器下载别人编写的第三方包到本地来使用。

② 从 npm 服务器下载并安装别人编写的命令行程序到本地来使用。

③ 将自己编写的包或命令行程序上传到 npm 服务器供别人使用。

npm 提供了快速操作包的命令，只需要执行简单的命令就可以很方便地对第三方包进行管理。npm 中常用的命令如下。

● npm install 包名：可简写为"npm i 包名"，用于为项目安装指定名称的包。如果加上-g 选项，则会把包安装为全局包，否则只安装到本项目中。如果省略包名，则 npm 会根据当前目录下的 package.json 文件中保存的依赖信息为项目安装所有的包。

- npm uninstall 包名：用于卸载指定名称的包。
- npm update 包名：用于更新指定名称的包。

在下载 npm 安装包时，下载速度可能会比较慢，这是因为提供包的服务器在国外。为了加快包的下载速度，建议将下载源切换成国内镜像服务器。为 npm 设置镜像地址的具体命令如下。

```
npm config set registry https://registry.npmmirror.com
```

为了验证镜像地址是否设置成功，可以通过如下命令进行验证。

```
npm config get registry
```

执行上述命令后，若输出了设置的镜像地址，则表示设置成功。

2. yarn

yarn 是 Node.js 的包管理工具，它是一个高效、安全和可靠的包管理工具。yarn 能够提高包的安装效率，节约安装时间。在执行代码前，yarn 会通过算法验证每个包的完整性，因此比较安全。yarn 在安装过程中会锁定当前安装的每个依赖项的版本，能够确保在不同系统上安装的结果都是一致的，因此也比较可靠。

在使用 yarn 之前，需要先确保计算机中已经安装了 Node.js 环境，再使用 npm 命令安装 yarn，安装命令如下。

```
npm install yarn -g
```

上述命令表示全局安装 yarn。

为了验证 yarn 是否安装成功，可以通过 "yarn –v" 命令查看 yarn 的版本信息，如图 1-16 所示。

图1-16　查看yarn的版本

图 1-16 中显示 yarn 的版本为 1.22.19，说明 yarn 安装成功。

为了提高下载 yarn 安装包的速度，也可以将 yarn 的下载源切换成国内镜像服务器。为 yarn 设置镜像地址的具体命令如下。

```
yarn config set registry https://registry.npmmirror.com
```

为了验证镜像地址是否设置成功，可以通过如下命令进行验证。

```
yarn config get registry
```

执行上述命令后，若输出了设置的镜像地址，则表示设置成功。

下面列举 yarn 中一些常用的命令。

- yarn install：可简写为 yarn，用于为项目安装所有包。如果提供了-g 选项，则会把包安装为全局包，否则只安装到本项目中。
- yarn remove 包名：用于卸载指定名称的包。
- yarn up 包名：用于更新指定名称的包。
- yarn add 包名：用于添加指定名称的包。

前面讲解了 yarn 和 npm 的概念和基本使用方式，下面讲解 yarn 与 npm 包管理工具的区别，具体如下。

① 使用 npm 安装同一个包时，每次安装都需要重新下载；而 yarn 会缓存每个下载过的包，再次使用时无须重复下载。

② npm 按照队列安装每个包，也就是说，必须要等到当前包安装完成后，才能继续安装后面的包，而 yarn 可以利用并行下载的方式提高资源利用率，安装速度更快。

③ npm 的输出信息比较冗长，在执行 npm install 命令时，命令提示符里会输出所有被安装的包的信息。相比之下，yarn 的输出信息比较简洁，只输出必要的信息，同时也提供了一些命令供开发者查询额外的安装信息。

1.4　使用 Vite 创建 Vue 3 项目

在使用 Vue 3 开发大型项目时，需要考虑目录结构、热加载、部署、代码单元测试等环节。如果这些环节全部通过手动实现，效率比较低，此时可以借助 Vite 快速创建一个可以按需添加各种功能的项目。本节将讲解如何使用 Vite 创建 Vue 3 项目。

1.4.1　什么是 Vite

Vite（读音：/vit/）是一个轻量级、运行速度快的前端构建工具，它支持模块热替换（Hot Module Replacement，HMR），可以即时、准确地更新模块，当代码修改时无须重新加载页面或清除应用程序状态。Vite 中默认安装的插件比较少，随着开发过程中依赖的增多，需要额外进行配置。

在 Vue 3 出现前，Vue 2 一般使用 Vue CLI 创建。Vue CLI 基于 Webpack 构建并配置项目，在项目启动时，Webpack 需要从入口文件索引整个项目的文件，编译成一个或多个单独的.js 文件。虽然 Webpack 对代码进行了拆分，但是仍可能一次生成所有路由下的编译后的文件，导致服务启动时间随着项目的复杂度增加而呈指数式的增长。而 Vite 改进了这一点，在项目启动时，Vite 会对模块代码进行按需加载，启动速度更快。因此，当使用 Vue 3 开发新项目时，推荐使用 Vite 进行创建。

Vite 不需要以命令的方式安装和卸载，只要安装了 npm 或 yarn，就可使用 Vite 的相关命令创建项目。Vite 会作为项目的开发依赖保存在项目的 node_modules 目录中。

需要注意的是，Node.js 必须为 14.18 及以上版本时才可以使用 Vite，并且 Vite 中的部分模板可能需要更高的 Node.js 版本才能正常运行。另外，Node.js 的 14、16 等更新版本不再支持 Windows 7 操作系统，推荐使用 Windows 10 等新版操作系统。

1.4.2　创建 Vue 3 项目

Vite 提供了两种创建项目的命令，一种是手动创建项目的命令，另一种是通过模板自动创建项目的命令，下面分别进行讲解。

1. 手动创建项目的命令

使用 npm 或 yarn 包管理工具都可以搭配 Vite 手动创建项目，具体命令如下。

```
# 使用 npm create 命令创建项目
npm create vite@latest
```

```
# 使用 yarn create 命令创建项目
yarn create vite
```

上述命令展示了两种包管理工具用于创建 Vite 项目，在使用时任选其一即可。npm create 和 yarn create 命令后跟一个 Vite 包名，表示初始化 Vite。vite@latest 表示在 npm 中安装最新版本的 Vite。

接下来通过实际操作的方式演示如何手动创建 Vue 3 项目，具体步骤如下。

① 打开命令提示符，切换到 D:\vue\chapter01 目录，执行如下命令。

```
yarn create vite
```

执行上述命令后，Vite 会提示填写项目名称，如图 1-17 所示。

可以自定义项目名称，也可以使用默认的名称 vite-project。在这里直接按"Enter"键使用默认的项目名称 vite-project 即可。

需要注意的是，当创建一个同名项目时，Vite 会给出提示信息是否删除现有文件并继续，如果选择 n（否）会取消安装，如果选择 y（是）则继续安装。

② 使用 vite-project 作为项目名称后，Vite 会提示选择创建项目所使用的框架，如图 1-18 所示。

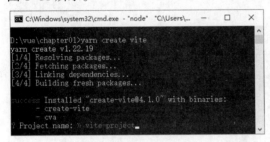

图1-17　填写项目名称

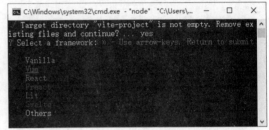

图1-18　选择创建项目所使用的框架

从图 1-18 可以看出，Vite 支持 Vanilla、Vue、React、Preact、Lit、Svelte 和 Others（其他）框架，使用"↑"键和"↓"键可以进行选择，在这里选择 Vue，按"Enter"键确认选择。

③ 选择好框架后，Vite 会提示选择一个变体，如图 1-19 所示。

从图 1-19 可以看出，Vite 提供了 JavaScript、TypeScript、Customize with create-vue（使用 create-vue 定制）和 Nuxt 这 4 个变体。在这里选择 JavaScript，按"Enter"键确认选择。

④ 选择好变体后，Vite 会提示项目创建完成，如图 1-20 所示。

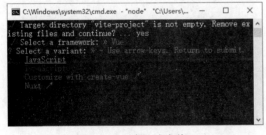

图1-19　选择一个变体

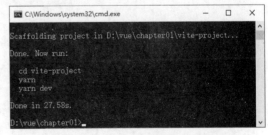

图1-20　vite-project项目创建完成的效果

从图 1-20 可以看出，在项目创建完成后，给出了一些提示命令，需要执行这些命令才能完成项目启动，具体命令解释如下。

```
cd vite-project        # 切换到项目目录
yarn                   # 安装项目的全部依赖
yarn dev               # 启动服务
```

　　上述命令中，yarn dev 命令是 Vue 3 项目中 package.json 文件里面 scripts 节点配置的命令。除了 yarn dev 命令外，还有 2 个常用命令 yarn build 和 yarn preview，它们分别表示构建生产环境项目和构建本地预览环境项目。这 3 个命令实际上都是别名，是为了便于开发人员记忆。当执行这 3 个命令时，yarn 会读取当前项目的 package.json 文件中的命令配置，找到真正的命令并执行。

　　Vue 3 项目的 package.json 文件中的命令配置如下。

```
"scripts": {
  "dev": "vite",
  "build": "vite build",
  "preview": "vite preview"
},
```

　　上述配置中，dev 是 vite 的别名，build 是 vite build 的别名，preview 是 vite preview 的别名。也就是说，当执行 yarn dev 时，实际执行的命令是 yarn vite。别名可以自定义，如果修改了别名，在执行命令时需要使用修改后的别名。

　　项目启动后，会默认开启一个本地服务，具体如下。

```
VITE v4.1.4  ready in 441 ms
➜ Local:   http://127.0.0.1:5173/
```

　　在浏览器中访问 http://127.0.0.1:5173/，页面效果如图 1-21 所示。

图1-21　vite-project项目页面效果

2. 通过模板自动创建项目的命令

　　通过模板自动创建项目的方式相对简单，它通过附加的命令行选项直接指定项目名称和模板，省去了填写项目名称、选择框架和变体等环节。Vite 提供了许多模板预设，可以创建 Vite+React+TS、Vite+Vue、Vite+Svelte 等类型的项目。通过附加的命令行选项直接指定项目名称和模板的基本语法格式如下。

```
# 使用 npm 6 或更低版本创建项目
npm create vite@latest <项目名称> --template <模板名称>
# 使用 npm 7 或更高版本创建项目
npm create vite@latest <项目名称> -- --template <模板名称>
# 使用 yarn create 命令创建项目
yarn create vite <项目名称> --template <模板名称>
```

上述语法格式中，项目名称可以自定义，程序会自动在当前目录下创建项目的同名子目录。该子目录就是项目目录；"--template <模板名称>"表示使用 Vite 搭配模板创建项目，如果要创建一个 Vue 3 项目，将模板名称设置为"vue"即可。

接下来通过实际操作的方式演示如何通过模板自动创建 Vue 3 项目，具体步骤如下。

打开命令提示符，切换到 D:\vue\chapter01 目录，使用 yarn 创建一个基于 Vite+Vue 模板且项目名称为 hello-vite 的项目，具体命令如下。

```
yarn create vite hello-vite --template vue
```

执行上述命令后，hello-vite 项目创建完成的效果如图 1-22 所示。

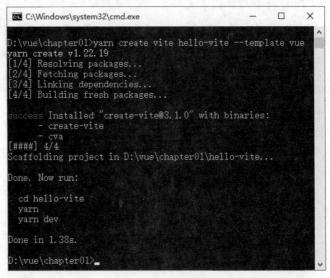

图1-22　hello-vite项目创建完成的效果

从图 1-22 可以看出，在项目创建完成后，给出了一些提示命令，需要执行这些命令才能完成项目启动，具体命令如下。

```
cd hello-vite        # 切换到项目目录
yarn                 # 安装项目的全部依赖
yarn dev             # 启动服务
```

项目启动后，会默认开启一个本地服务，具体如下。

```
  VITE v4.1.4  ready in 441 ms
  ➜ Local:  http://127.0.0.1:5173/
```

在浏览器中访问 http://127.0.0.1:5173/，页面效果与图 1-21 相同。

1.4.3　Vue 3 项目的目录结构

Vue 3 项目创建成功后，使用 VS Code 编辑器打开项目目录，可以看到一个默认生成的项目目录结构，如图 1-23 所示。

下面简要介绍图 1-23 所示的各个目录和文件的作用，具体如下。

- .vscode：存放 VS Code 编辑器的相关配置。
- node_modules：存放项目的各种依赖和安装的插件。
- public：存放不可编译的静态资源文件，当进行项目构建时，该目录下的文件会被复制到 dist 目录，该目录下的文件需要使用绝对路径访问。
- src：源代码目录，保存开发人员编写的项目源代码。
- src\assets：存放可编译的静态资源文件，例如图片、样式文件等。该目录下的文件需要使用相对路径访问。
- src\components：存放单文件组件，即.vue 文件。
- src\components\HelloWorld.vue：一个名称为 HelloWorld 的单文件组件。
- src\App.vue：项目的根组件。
- src\main.js：项目的入口文件，用于创建 Vue 应用实例。
- src\style.css：项目的全局样式表文件。
- .gitignore：向 Git 仓库上传代码时需要忽略的文件列表。
- index.html：默认的主渲染页面文件，同时也是页面的入口文件。
- package.json：包配置文件。
- README.md：项目使用说明文件。
- vite.config.js：存放 Vite 的相关配置。
- yarn.lock：存储每一个依赖项的安装版本，在使用 yarn 安装、升级、卸载依赖时，会自动更新 yarn.lock 文件。

图1-23　Vue 3项目的目录

此外，当执行了 yarn build 命令后，在项目目录中会出现 dist 目录，该目录中保存的是项目构建后的文件。

在实际开发中，应重点关注src目录，因为该目录下存放的是项目源代码，其他目录和配置文件通常不需要修改。

1.4.4　Vue 3 项目的运行过程

使用 Vite 构建 Vue 3 项目后，当执行 yarn dev 命令启动服务时，项目就会运行起来。该项目会通过 src\main.js 文件将 src\App.vue 组件渲染到 index.html 文件的指定区域。

下面以 1.4.2 小节创建的 hello-vite 项目为例，对 src\App.vue 文件、index.html 文件和 src\main.js 文件进行代码解析，讲解项目的运行过程。

1. src\App.vue 文件

Vue 3 项目是由各种组件组成的，src\App.vue 文件是项目的根组件。在根组件中可以引用其他组件，从而显示其他组件的内容。src\App.vue 文件的初始代码如下。

```
1  <script setup>
2    import HelloWorld from './components/HelloWorld.vue'
3  </script>
4  <template>
5    <div>
6      <a href="https://vitejs.dev" target="_blank">
7        <img src="/vite.svg" class="logo" alt="Vite logo" />
```

```
8        </a>
9        <a href="https://vuejs.org/" target="_blank">
10         <img src="./assets/vue.svg" class="logo vue" alt="Vue logo" />
11       </a>
12     </div>
13     <HelloWorld msg="Vite + Vue" />
14   </template>
15   <style scoped>
16     .logo {
17       height: 6em;
18       padding: 1.5em;
19       will-change: filter;
20       transition: filter 300ms;
21     }
22     .logo:hover {
23       filter: drop-shadow(0 0 2em #646cffaa);
24     }
25     .logo.vue:hover {
26       filter: drop-shadow(0 0 2em #42b883aa);
27     }
28   </style>
```

上述代码中，第 1 ~ 3 行代码定义了<script>标签，该标签中的代码是组件的 JavaScript
业务逻辑；第 4 ~ 14 行代码定义了<template>标签及其内部的标签，用于实现组件的模板结
构；第 15 ~ 28 行代码定义了<style>标签，用于实现组件的样式，其中第 15 行代码为<style>
标签添加了 scoped 属性，该属性表示只对当前组件的样式生效，对其子组件的样式不生效，
并且默认会给当前所有的 CSS 类生成一个 Hash（散列）值。

　　由于此时还没有讲解 Vue 3 的基础知识，因此读者可能无法完全理解上述代码。读者
只需明白该文件是一个由结构代码、样式代码和逻辑代码组成的单文件组件即可，该文件
决定了用户最终看到的页面效果。

2. index.html 文件

　　index.html 文件是页面的入口文件，该文件中预留了用于被 src\main.js 文件中的 Vue 应
用实例所控制的区域。index.html 文件的初始代码如下。

```
1   <!DOCTYPE html>
2   <html lang="en">
3     <head>
4       <meta charset="UTF-8" />
5       <link rel="icon" type="image/svg+xml" href="/vite.svg" />
6       <meta name="viewport" content="width=device-width, initial-scale=1.0" />
7       <title>Vite + Vue</title>
8     </head>
9     <body>
10      <div id="app"></div>
11      <script type="module" src="/src/main.js"></script>
12    </body>
13  </html>
```

　　上述代码中，第 10 行代码定义了 id 为 app 的<div>标签，在 src\main.js 文件中已经将
它指定为 Vue 应用实例要控制的区域；第 11 行代码在<script>标签中加了 type 属性，属性

值为 module，表示可以使用 ES6 Module 方式导入文件。

3. src\main.js 文件

src\main.js 文件是项目的入口文件，该文件创建了 Vue 应用实例。Vue 应用实例是 Vue 项目工作的基础，每个 Vue 项目都是从创建 Vue 应用实例开始的。src\main.js 文件的初始代码如下。

```
1  import { createApp } from 'vue'
2  import './style.css'
3  import App from './App.vue'
4  createApp(App).mount('#app')
```

上述代码中，第 1 行代码导入了 createApp( )函数，该函数用于创建 Vue 应用实例；第 2 行代码导入了 style.css 基础样式文件；第 3 行代码导入了 App.vue 根组件，并保存为 App 变量；第 4 行代码将 App 变量作为参数传递给 createApp( )函数，从而创建 Vue 应用实例，创建完成后，又调用了 mount( )方法将 Vue 应用实例挂载到 id 为 app 的容器上，从而在页面中显示根组件的渲染结果。

为了便于理解，可以将上述代码中的第 4 行代码写成如下形式。

```
1  const app = createApp(App)
2  app.mount('#app')
```

上述代码中，第 1 行代码调用 createApp( )函数创建了一个 Vue 应用实例 app；第 2 行代码调用 app 的 mount( )方法，指定 Vue 实例要控制的区域。

需要说明的是，对于每个 Vue 应用实例来说，仅能调用一次 mount( )方法。mount( )方法的参数可以是一个实际的 DOM 元素或者一个 CSS 选择器（使用第 1 个匹配到的元素）。CSS 选择器可以是 id 选择器和 class 选择器。一般来说，对于根组件所要挂载的容器，应尽量使用该容器的 id 选择器作为参数，因为 id 的值在全局是唯一的，而 class 选择器的 class 属性值并不唯一。

本章小结

本章首先介绍了前端技术的发展，接着对 Vue 的相关概念进行了简要介绍；然后讲解了 Vue 开发环境，包括 Visual Studio Code 编辑器、Node.js 环境以及常见的包管理工具；最后分别讲解了如何使用 Vite 创建 Vue 3 项目。通过本章的学习，读者应对 Vue 有一个整体的认识，能够创建 Vue 3 项目。

课后习题

一、填空题

1. Vue 是一套用于构建＿＿＿＿＿的渐进式框架。
2. Vue 中的指令以＿＿＿＿＿开头。
3. Node.js 是一个基于＿＿＿＿＿引擎的 JavaScript 运行环境。
4. 在 yarn 中，＿＿＿＿＿命令用于添加指定名称的包。
5. 在 npm 中，＿＿＿＿＿命令用于卸载指定名称的包。

二、判断题

1. 在 Vue 项目中，执行 yarn dev 命令可以完成项目构建。（　　）

2. 在 Vue 项目中，执行 npm update 命令可以更新指定名称的包。（　　）

3. npm 是一个包管理工具，用来解决 Node.js 代码部署问题。（　　）

4. 在使用 yarn 之前，需要先确保计算机中已经安装了 Node.js。（　　）

5. Vue 可以在 Node.js 环境下进行开发，并借助 npm 工具安装依赖。（　　）

三、选择题

1. 下列选项中，关于 Vue 说法错误的是（　　）。

A. Vue 相比 Angular 和 React 而言，是一个轻量级的前端库

B. Vue 支持 Pinia 插件

C. Vue 支持双向数据绑定

D. Vue 中自定义指令以 "on-" 开头

2. 下列选项中，关于 npm 工具说法正确的是（　　）。

A. 使用 npm 安装同一个包时，会对包进行缓存，再次安装时无须重复下载

B. npm 安装包时，必须等到当前包安装完成后才会继续后面的安装

C. 使用 "npm install 包名 –g" 命令表示将包安装到当前项目中

D. 使用 npm 命令时，不需要安装 Node.js

3. 下列选项中，关于 MVVM 的说法错误的是（　　）。

A. Model 主要负责业务数据的处理

B. View 负责视图的处理

C. ViewModel 负责监听 Model 或 View 的改变

D. Model 和 View 可以直接通信，互相监控双方的动作，并及时进行相应操作

4. npm 包管理工具基于的运行环境是（　　）。

A. Node.js　　　　　B. Vue　　　　　C. Babel　　　　　D. Angular

5. 下列选项中，属于 Vue 特性的是（　　）。（多选）

A. 轻量级　　　　　　　　　　B. 数据驱动视图

C. 双向数据绑定　　　　　　　D. 插件化开发

四、简答题

1. 请简述 Vue 的特性。

2. 请简述 MVVM 的组成部分及基本工作原理。

第 **2** 章

Vue.js开发基础

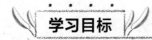
★ 掌握单文件组件，能够创建并使用单文件组件

★ 掌握数据绑定，能够定义数据并将数据渲染到页面中

★ 掌握内容渲染指令，能够灵活运用 v-text 和 v-html 指令将字符串渲染到页面中

★ 掌握属性绑定指令，能够灵活运用 v-bind 指令给目标元素的属性动态绑定值

★ 掌握事件绑定指令，能够灵活运用 v-on 指令给目标元素绑定事件

★ 掌握双向数据绑定指令，能够灵活运用 v-model 指令在表单元素上实现数据的双向绑定

★ 掌握条件渲染指令，能够灵活运用 v-if、v-show 指令根据不同的条件渲染不同的标签

★ 掌握列表渲染指令，能够灵活运用 v-for 指令将数组、对象等中的数据渲染到页面中

★ 掌握事件对象，能够灵活运用事件对象获取和修改 DOM 元素的属性

★ 熟悉事件修饰符，能够阐述常见的事件修饰符

★ 掌握计算属性，能够灵活运用计算属性实时监听数据的变化，当所依赖的数据发生变化时重新计算值

★ 掌握侦听器，能够灵活运用侦听器监听数据的变化并进行相应的操作

★ 掌握样式绑定，能够灵活运用 v-bind 绑定 class 和 style 属性实现元素样式的设置

在搭建好 Vue 开发环境后，要想使用 Vue 开发实际项目，必须先学习 Vue 基础知识。只有掌握 Vue 框架的基础知识后，才能根据实际需求游刃有余地进行项目开发。本章将详细讲解 Vue 开发基础。

2.1 单文件组件

Vue 是一个支持组件化开发的框架。在第 1 章中使用 Vite 创建 Vue 项目后，目录结构中包含一些扩展名为.vue 的文件，每个.vue 文件都可用来定义一个单文件组件。

Vue 中的单文件组件是 Vue 组件的文件格式，每个单文件组件由模板、样式和逻辑 3个部分构成，下面分别对这 3 个部分进行介绍。

1．模板

模板用于搭建当前组件的 DOM 结构，其代码写在<template>标签中。<template>标签是 Vue 提供的容器标签，只起到包裹作用，它不会被渲染为真正的 DOM 元素。每个单文件组件最多可以包含一个顶层<template>标签。

在 Vue 3 中，<template>标签中的 DOM 结构可以有多个根节点；而在 Vue 2 中，<template>标签中的 DOM 结构只能有一个根节点，即<template>标签中的所有元素最外层必须有唯一的根节点进行包裹，否则会报错。

2．样式

样式是指通过 CSS 代码为当前组件设置样式，其代码写在<style>标签中。每个单文件组件中可以包含多个<style>标签。如果当前组件不需要样式，则可以省略<style>标签。

3．逻辑

逻辑是指通过 JavaScript 代码处理组件的数据与业务，其代码写在<script>标签中。每个单文件组件只能包含一个<script>标签。如果当前组件没有逻辑代码且存在<template>标签，则可以省略<script>标签。

下面演示如何定义一个基本的单文件组件，示例代码如下。

```
1  <template>
2    <!-- 此处编写组件的结构 -->
3  </template>
4  <script>
5  /* 此处编写组件的逻辑 */
6  </script>
7  <style>
8  /* 此处编写组件的样式 */
9  </style>
```

在上述代码中，<template><script><style>这 3 个标签的先后顺序没有要求，可以自由调整。

接下来通过实际操作的方式演示单文件组件的使用方法，具体步骤如下。

① 打开命令提示符，切换到 D:\vue\chapter02 目录，在该目录下执行如下命令，创建项目。

```
yarn create vite vue-demo --template vue
```

项目创建完成后，执行如下命令进入项目目录，启动项目。

```
cd vue-demo
yarn
yarn dev
```

项目启动后，可以使用 URL 地址 http://127.0.0.1:5173/进行访问。

② 使用 VS Code 编辑器打开 D:\vue\chapter02\vue-demo 目录。

③ 将 src\style.css 文件中的样式代码全部删除，从而避免项目创建时自带的样式代码影响本案例的实现效果。

④ 创建 src\components\Demo.vue 文件，该文件是 Demo 组件，具体代码如下。

```
1  <template>
2    <div class="demo">Demo 组件</div>
3  </template>
4  <style>
```

```
5  .demo {
6    font-size: 22px;
7    font-weight: bold;
8  }
9  </style>
```

在上述代码中，第 2 行代码定义了一个 `<div>` 标签，用于展示 Demo 组件的模板；第 4 ～ 9 行代码定义了一个 `<style>` 标签，用于修改 Demo 组件的样式，包括字体大小和字体粗细。

⑤ 修改 src\main.js 文件，切换页面中显示的组件，具体代码如下。

```
import App from './components/Demo.vue'
```

保存上述代码后，在浏览器中访问 http://127.0.0.1:5173/，Demo 组件的页面效果如图 2-1 所示。

图2-1　Demo组件的页面效果

从图 2-1 可以看出，Demo 组件中的内容"Demo 组件"在页面上成功渲染，并且设置的文本样式也生效了。

2.2　数据绑定

当页面中有大量的数据需要改变，且这些数据分布在页面的不同位置时，如果使用原生 JavaScript 进行操作，代码会非常烦琐，而使用 Vue 的数据绑定功能则可以更轻松地完成这样的工作。本节将对数据绑定进行详细讲解。

2.2.1　初识数据绑定

Vue 通过数据绑定实现了数据与页面相分离，从而实现了数据驱动视图的效果。假设在一个图书商城项目中，图书商城页面中需要展示大量的图书，并且每本图书都需要有单独的图书详情页面。如果开发者为每本图书专门编写一个页面，显然是不现实的，所以开发者通常只编写一个图书详情页面的模板，通过改变页面中的数据来实现展示不同的图书详情页面。在 Vue 中，这样的开发方式就是将页面中的数据分离出来，放到组件的 `<script>` 标签中，通过程序操作数据，并且当数据改变时，页面会自动发生改变。

数据绑定分为定义数据和输出数据，下面分别进行讲解。

1. 定义数据

由于数据和页面是分离的，在实现数据显示之前，需要先在 `<script>` 标签中定义组件所需的数据，具体语法格式如下。

```
1  <script>
2  export default {
3    setup() {
4      return {
5        数据名: 数据值,
```

```
6        ……
7      }
8    }
9 }
10 </script>
```

　　在上述语法格式中，<script>中的代码会在每次组件实例被创建的时候执行，其中，第 2 行代码中的 export default 是模块导出语法；第 3 ~ 8 行代码中的 setup( )函数是 Vue 3 特有的，该函数是组合式 API 的起点，在函数中可以定义数据和方法，并且需要通过 return 关键字返回一个对象，用于将对象中的数据暴露给模板和组件实例；第 4 ~ 7 行代码定义了要返回的对象，该对象中的数据就是页面中显示的数据。

　　为了让代码更简洁，Vue 3 提供了 setup 语法糖（Syntactic Sugar），使用它可以简化上述语法，提高开发效率。如果要使用 setup 语法糖，需要在<script>标签上添加 setup 属性。下面使用 setup 语法糖简化上述语法，简化后的语法格式如下。

```
1 <script setup>
2 const 数据名 = 数据值
3 </script>
```

　　在上述语法格式中，第 2 行代码用于定义页面中显示的数据。

2. 输出数据

　　在<script>标签中定义了数据后，如何将数据输出到页面中呢？Vue 为开发者提供了 Mustache 语法（又称为双大括号语法），该语法需要写在<template>标签中，使用该语法时相当于在模板中放入占位符，其语法格式如下。

```
{{ 数据名 }}
```

　　当页面渲染时，模板中的{{ 数据名 }}会被替换为实际的数据。需要注意的是，如果给定的数据是一个包含 HTML 标签的字符串，这些 HTML 标签会被当成纯文本输出。

　　在 Mustache 语法中还可以将表达式的值作为输出内容。表达式的值可以是字符串、数字等类型，示例代码如下。

```
1 {{ 'Hello Vue.js' }}
2 {{ number + 1 }}
3 {{ obj.name }}
4 {{ ok ? 'YES' : 'NO' }}
5 {{ '<div>HTML 标签</div>' }}
```

　　在上述代码中，第 1 行代码表示输出字符串"Hello Vue.js"；第 2 行代码表示输出 number 加 1 的值；第 3 行代码表示输出 obj 对象的 name 属性；第 4 行代码表示输出一个三元表达式的值，如果变量 ok 为 true，输出"YES"，否则输出"NO"；第 5 行代码表示输出一个包含 HTML 标签的字符串"<div>HTML 标签</div>"，该字符串中的 HTML 标签会被当成纯文本输出，不会被浏览器解析。

　　接下来通过实际操作的方式演示数据绑定的实现，具体步骤如下。

　　① 创建 src\components\Message.vue 文件，具体代码如下。

```
1 <template>{{ message }}</template>
2 <script setup>
3 const message = '不积跬步，无以至千里'
4 </script>
```

　　在上述代码中，第 1 行代码用于在模板中输出 message；第 3 行代码用于定义 message。

　　② 修改 src\main.js 文件，切换页面中显示的组件，具体代码如下。

```
import App from './components/Message.vue'
```

保存上述代码后，在浏览器中访问 http://127.0.0.1:5173/，数据绑定的页面效果如图 2-2 所示。

图2-2　数据绑定的页面效果

从图 2-2 可以看出，当前已经将 message 的值"不积跬步，无以至千里"输出到了模板中{{ message }}所在的位置，实现了数据绑定。

多学一招: 将 Vue 引入 HTML 页面中

前面学习的方式是通过 Vite 创建一个新的项目，这个项目中不仅有 Vue，而且整合了一系列辅助开发的工具。其实 Vue 的使用方式非常灵活，它还提供了另一种使用方式，就是将 Vue 引入 HTML 页面中。但这种方式只能使用 Vue 的核心功能，所以只适合开发一些简单的页面，在实际开发中一般不用这种方式。

为了帮助读者体验如何将 Vue 引入 HTML 页面中，下面通过具体步骤进行演示。

① 创建 D:\vue\chapter02\helloworld.html 文件，在该文件中通过<script>标签引入 Vue，具体代码如下。

```
1  <!DOCTYPE html>
2  <html>
3  <head>
4    <meta charset="UTF-8">
5    <title>Hello World 案例</title>
6    <script src="https://unpkg.com/vue@3/dist/vue.global.js"></script>
7  </head>
8  <body>
9  </body>
10 </html>
```

在上述代码中，第 6 行代码引入了 vue.global.js 文件，引入该文件后会得到一个全局的 Vue 对象。另外，读者也可以将这个链接指向的 JavaScript 文件下载到本地计算机中再进行引入，从而提高页面的加载速度。

② 在页面中定义一个用于被 Vue 应用实例控制的 DOM 区域，使开发者可以将数据填充到该 DOM 区域中。在<body>开始标签后编写代码，具体如下。

```
1  <div id="app">
2    <p>{{ message }}</p>
3  </div>
```

在上述代码中，第 1 行代码为<div>标签设置了 id 属性；第 2 行代码通过 Vue 提供的 Mustache 语法将 message 数据输出到页面中。

③ 在</body>结束标签前编写代码，创建 Vue 应用实例，具体代码如下。

```
1  <script>
2  const vm = Vue.createApp({
3    setup() {
```

```
4     return {
5       message: 'Hello World!'
6     }
7   }
8 })
9 vm.mount('#app')
10 </script>
```

在上述代码中，第 2 行代码使用 Vue 提供的 createApp( )函数创建了一个 Vue 应用实例，保存为 vm；第 3~7 行代码用于定义页面中要用到的数据，其中，第 5 行代码定义了 message 的值为"Hello World!"；第 9 行代码调用了 Vue 应用实例的 mount( )方法，用于指定 Vue 应用实例要控制的区域。

通过浏览器访问 helloworld.html，将 Vue 引入 HTML 页面的效果如图 2-3 所示。

图2-3 将Vue引入HTML页面的效果

从图 2-3 可以看出，Vue 成功在页面中渲染出了"Hello World!"。

2.2.2 响应式数据绑定

在 2.2.1 小节中，将数据定义出来并在页面中显示后，如果后续修改了数据，则页面中显示的数据不会同步更新。例如，修改 src\components\Message.vue 文件，具体代码如下。

```
1 <template>{{ message }}</template>
2 <script setup>
3 let message = '不积跬步，无以至千里'
4 setTimeout(() => {
5   console.log('更新前的message：' + message)
6   message = '长风破浪会有时，直挂云帆济沧海'
7   console.log('更新后的message：' + message)
8 }, 2000)
9 </script>
```

在上述代码中，第 4~8 行代码定义了一个定时器，用于在 2 秒后在浏览器的控制台（Console）中输出 message 更新前和更新后的值。

保存上述代码后，在浏览器中访问 http://127.0.0.1:5173/并打开控制台，等待 2 秒后的页面效果如图 2-4 所示。

图2-4 等待2秒后的页面效果

从图 2-4 可以看出，控制台中输出了 message 更新前和更新后的值，而页面中 message 的值没有发生改变，说明当 message 的值发生改变时，页面中的数据不会同步更新。

如果想要实现页面中数据的更新，则需要进行响应式数据绑定，也就是将数据定义成响应式数据。Vue 为开发者提供了 ref( )函数、reactive( )函数、toRef( )函数和 toRefs( )函数用于定义响应式数据，下面分别进行讲解。

1. ref()函数

ref( )函数用于将数据转换成响应式数据，其参数为数据，返回值为转换后的响应式数据。使用 ref( )函数定义响应式数据的语法格式如下。

```
响应式数据 = ref(数据)
```

如果需要更改响应式数据的值，可以使用如下语法格式进行修改。

```
响应式数据.value = 新值
```

接下来通过实际操作的方式演示 ref( )函数的使用方法，具体步骤如下。

① 创建 src\components\Ref.vue 文件，具体代码如下。

```
1 <template>{{ message }}</template>
2 <script setup>
3 import { ref } from 'vue'
4 const message = ref('会当凌绝顶，一览众山小')
5 setTimeout(() => {
6   message.value = '锲而不舍，金石可镂'
7 }, 2000)
8 </script>
```

在上述代码中，第 3 行代码用于导入 ref( )函数；第 4 行代码用于通过 ref( )函数定义响应式数据；第 5~7 行代码用于在 2 秒后更改响应式数据 message 的值。

② 修改 src\main.js 文件，切换页面中显示的组件，具体代码如下。

```
import App from './components/Ref.vue'
```

保存上述代码后，在浏览器中访问 http://127.0.0.1:5173/，初始页面效果如图 2-5 所示。

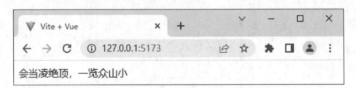

图2-5　初始页面效果（1）

等待 2 秒后的页面效果如图 2-6 所示。

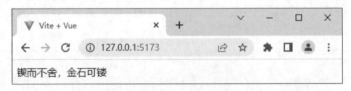

图2-6　等待2秒后的页面效果（1）

从图 2-6 可以看出，页面中展示的数据发生了改变，说明通过 ref( )函数可以定义响应式数据。

2. reactive()函数

reactive( )函数用于创建一个响应式对象或数组，将普通的对象或数组作为参数传给该函数即可。使用 reactive( )函数定义响应式数据的语法格式如下。

```
响应式对象或数组 = reactive(普通的对象或数组)
```

接下来通过实际操作的方式演示 reactive( )函数的使用方法，具体步骤如下。

① 创建 src\components\Reactive.vue 文件，具体代码如下。

```
1 <template>{{ obj.message }}</template>
2 <script setup>
3 import { reactive } from 'vue'
4 const obj = reactive({ message: '不畏浮云遮望眼，自缘身在最高层' })
5 setTimeout(() => {
6   obj.message = '欲穷千里目，更上一层楼'
7 }, 2000)
8 </script>
```

在上述代码中，第 3 行代码用于导入 reactive( )函数；第 4 行代码用于通过 reactive( )函数定义响应式数据 obj；第 5 ~ 7 行代码用于在 2 秒后更改响应式数据 obj 的值。

② 修改 src\main.js 文件，切换页面中显示的组件，具体代码如下。

```
import App from './components/Reactive.vue'
```

保存上述代码后，在浏览器中访问 http://127.0.0.1:5173/，初始页面效果如图 2-7 所示。

图2-7　初始页面效果（2）

等待 2 秒后的页面效果如图 2-8 所示。

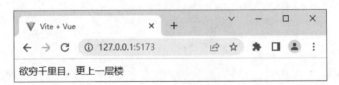

图2-8　等待2秒后的页面效果（2）

从图 2-8 可以看出，页面中显示的数据发生了改变，说明通过 reactive( )函数可以定义响应式数据。

3. toRef()函数

toRef( )函数用于将响应式对象中的单个属性转换为响应式数据。使用 toRef( )函数定义响应式数据的语法格式如下。

```
响应式数据 = toRef(响应式对象, '属性名')
```

在上述语法格式中，toRef( )函数的第 1 个参数是响应式对象，第 2 个参数是待转换的属性名，返回值为转换后的响应式数据。

接下来通过实际操作的方式演示 toRef( )函数的使用方法，具体步骤如下。

① 创建 src\components\ToRef.vue 文件，具体代码如下。

```
1 <template>
2   <div>message 的值：{{ message }}</div>
3   <div>obj.message 的值：{{ obj.message }}</div>
```

```
4  </template>
5  <script setup>
6  import { reactive, toRef } from 'vue'
7  const obj = reactive({ message: '黑发不知勤学早，白首方悔读书迟' })
8  const message = toRef(obj, 'message')
9  setTimeout(() => {
10   message.value = '少壮不努力，老大徒伤悲'
11 }, 2000)
12 </script>
```

在上述代码中，第8行代码用于通过 toRef( )函数定义响应式数据；第9~11行代码用于在2秒之后更改响应式对象中 message 属性的值。

② 修改 src\main.js 文件，切换页面中显示的组件，具体代码如下。

```
import App from './components/ToRef.vue'
```

保存上述代码后，在浏览器中访问 http://127.0.0.1:5173/，初始页面效果如图2-9所示。

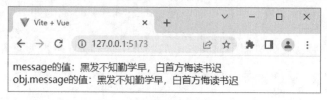

图2-9　初始页面效果（3）

等待2秒后的页面效果如图2-10所示。

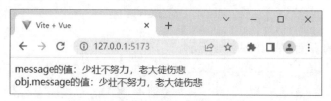

图2-10　等待2秒后的页面效果（3）

从图2-10可以看出，页面中显示的数据发生了变化，说明通过 toRef( )函数可以将响应式对象中的 message 属性转换为响应式数据。

4. toRefs()函数

toRefs( )函数用于将响应式对象中的所有属性转换为响应式数据。使用 toRefs( )函数定义响应式数据的语法格式如下。

```
所有属性组成的对象 = toRefs(响应式对象)
```

在上述语法格式中，toRefs( )函数会将响应式对象中所有的属性转换为响应式数据，并以对象的形式返回。通过解构赋值的方式可以将 toRefs( )函数返回的对象中的属性取出来，从而方便使用。

接下来通过实际操作的方式演示 toRefs( )函数的使用方法，具体步骤如下。

① 创建 src\components\ToRefs.vue 文件，具体代码如下。

```
1  <template>
2    <div>message 的值：{{ message }}</div>
3    <div>obj.message 的值：{{ obj.message }}</div>
4  </template>
5  <script setup>
```

```
6  import { reactive, toRefs } from 'vue'
7  const obj = reactive({ message: '盛年不重来，一日难再晨' })
8  let { message } = toRefs(obj)
9  setTimeout(() => {
10   message.value = '及时当勉励，岁月不待人'
11 }, 2000)
12 </script>
```

在上述代码中，第 8 行代码用于通过 toRefs( ) 函数定义响应式数据，并通过解构赋值的方式将 toRefs( ) 函数返回的对象中的 message 属性取出来，保存为变量 message；第 9 ~ 11 行代码用于在 2 秒后更改 message 的值。

② 修改 src\main.js 文件，切换页面中显示的组件，具体代码如下。

```
import App from './components/ToRefs.vue'
```

保存上述代码后，在浏览器中访问 http://127.0.0.1:5173/，初始页面效果如图 2-11 所示。

图2-11　初始页面效果（4）

等待 2 秒后的页面效果如图 2-12 所示。

图2-12　等待2秒后的页面效果（4）

从图 2-12 可以看出，页面中显示的数据发生了改变，说明通过 toRefs( ) 函数可以将响应式对象中的 message 属性转换为响应式数据。

2.3　指令

指令是一种在模板中使用的带有 v-前缀的特殊属性，通过指令可以辅助开发者定义页面结构，使用简洁的代码实现复杂的功能。Vue 中的指令按照不同的用途可以分为 6 类，分别是内容渲染指令、属性绑定指令、事件绑定指令、双向数据绑定指令、条件渲染指令、列表渲染指令。本节将围绕指令进行详细讲解。

2.3.1　内容渲染指令

要想将 \<script\> 标签中定义的数据渲染到页面上，除了使用 Mustache 语法外，还可以使用内容渲染指令。内容渲染指令用于渲染 DOM 元素的内容。常见的内容渲染指令有 v-text 和 v-html，下面分别进行讲解。

1. v-text

v-text 用于渲染 DOM 元素的文本内容，如果文本内容中包含 HTML 标签，那么浏览器不会对其进行解析。v-text 的语法格式如下。

```
<标签名 v-text="数据名"></标签名>
```

上述语法格式表示将标签对应的 DOM 元素的文本内容渲染为指定名称的数据，该数据需要在<script>标签中定义。

接下来通过实际操作的方式演示 v-text 的使用方法，具体步骤如下。

① 创建 src\components\VText.vue 文件，具体代码如下。

```
1 <template>
2   <div v-text="message"></div>
3 </template>
4 <script setup>
5 const message = '<span>咬定青山不放松，立根原在破岩中</span>'
6 </script>
```

在上述代码中，第 2 行代码用于通过 v-text 渲染 div 元素的文本内容；第 5 行代码用于定义文本内容。

② 修改 src\main.js 文件，切换页面中显示的组件，具体代码如下。

```
import App from './components/VText.vue'
```

保存上述代码后，在浏览器中访问 http://127.0.0.1:5173/，v-text 的运行结果如图 2-13 所示。

图2-13　v-text的运行结果

从图 2-13 可以看出，v-text 成功将内容渲染到页面上，且其中的 HTML 标签不会被浏览器解析。

2. v-html

在使用 Vue 进行内容渲染时，如果内容中包含 HTML 标签并且希望这些标签被浏览器解析，则可以使用 v-html。v-html 用于渲染 DOM 元素的 HTML 内容，其用法与 v-text 相似。v-html 的语法格式如下。

```
<标签名 v-html="数据名"></标签名>
```

上述语法格式表示将标签对应的 DOM 元素的 HTML 内容渲染为指定名称的数据，该数据需要在<script>标签中定义。

接下来通过实际操作的方式演示 v-html 的使用方法，具体步骤如下。

① 创建 src\components\VHtml.vue 文件，具体代码如下。

```
1 <template>
2   <div v-html="html"></div>
3 </template>
4 <script setup>
5 const html = '<strong>千磨万击还坚劲，任尔东西南北风</strong>'
6 </script>
```

在上述代码中，第 2 行代码用于通过 v-html 渲染 div 元素的 HTML 内容；第 5 行代码用于定义 HTML 内容。

② 修改 src\main.js 文件，切换页面中显示的组件，具体代码如下。

```
import App from './components/VHtml.vue'
```

保存上述代码后，在浏览器中访问 http://127.0.0.1:5173/，v-html 的运行结果如图 2-14 所示。

图2-14　v-html的运行结果

从图 2-14 可以看出，v-html 成功将内容渲染到页面上，且其中的 HTML 标签会被浏览器解析。

2.3.2　属性绑定指令

在 Vue 开发中，有时需要绑定 DOM 元素的属性，从而更好地控制属性的值，此时可以使用属性绑定指令 v-bind 来实现。v-bind 的语法格式如下。

```
<标签名 v-bind:属性名="数据名"></标签名>
```

在上述语法格式中，"v-bind:"后面是被绑定的属性名，该属性的值与数据名绑定，数据名需要在<script>标签中定义。v-bind 实现了单向数据绑定，当改变数据名的值时，属性值会自动更新；而当属性值改变时，数据名的值不会同步发生改变。另外，v-bind 还有简写形式，可以将"v-bind:属性名"简写为":属性名"。

v-bind 还支持将属性与字符串拼接表达式绑定，示例代码如下。

```
<div :id="'list' + index"></div>
```

在上述代码中，使用 v-bind 绑定了 id 属性，属性值为字符串拼接表达式。

接下来通过实际操作的方式演示 v-bind 的使用方法，具体步骤如下。

① 创建 src\components\VBind.vue 文件，具体代码如下。

```
1  <template>
2    <p><input type="text" v-bind:placeholder="username"></p>
3    <p><input type="password" :placeholder="password"></p>
4  </template>
5  <script setup>
6  const username = '请输入用户名'
7  const password = '请输入密码'
8  </script>
```

在上述代码中，第 2~3 行代码用于通过 v-bind 指令绑定 placeholder 属性；第 6~7 行代码用于定义 username 和 password 数据。

② 修改 src\main.js 文件，切换页面中显示的组件，具体代码如下。

```
import App from './components/VBind.vue'
```

保存上述代码后，在浏览器中访问 http://127.0.0.1:5173/，v-bind 的运行结果如图 2-15 所示。

图2-15　v-bind的运行结果

从图 2-15 可以看出，页面中的两个输入框中分别显示"请输入用户名"和"请输入密码"，说明当前已经成功使用 v-bind 绑定了 placeholder 属性。

2.3.3　事件绑定指令

在 Vue 开发中，有时需要给 DOM 元素绑定事件，从而利用事件实现交互效果，这时可以利用事件绑定指令 v-on 来实现。v-on 的语法格式如下。

```
<标签名 v-on:事件名="事件处理器"></标签名>
```

在上述语法格式中，事件名即 DOM 中的事件名，例如 click、input、keyup 等；事件处理器可以是方法名或内联 JavaScript 语句。如果逻辑复杂，事件处理器建议使用方法名，方法需要在<script>标签中定义；如果逻辑简单，只有一行代码，则可以使用内联 JavaScript 语句。另外，v-on 还有简写形式，可以将"v-on:事件名"简写为"@事件名"。

接下来通过实际操作的方式演示 v-on 的使用方法，具体步骤如下。

① 创建 src\components\VOn.vue 文件，具体代码如下。

```
1  <template>
2    <button @click="showInfo">输出信息</button>
3  </template>
4  <script setup>
5  const showInfo = () => {
6    console.log('欢迎来到Vue.js 的世界！')
7  }
8  </script>
```

在上述代码中，第 2 行代码通过<button>标签定义了一个按钮，并且为按钮添加单击事件，当用户单击按钮时会触发 showInfo( )方法；第 5 ~ 7 行代码定义了 showInfo( )方法，该方法执行时会在控制台中输出"欢迎来到 Vue.js 的世界！"。

② 修改 src\main.js 文件，切换页面中显示的组件，具体代码如下。

```
import App from './components/VOn.vue'
```

保存上述代码后，在浏览器中访问 http://127.0.0.1:5173/，单击"输出信息"按钮后的页面效果和控制台如图 2-16 所示。

图2-16　单击"输出信息"按钮后的页面效果和控制台

从图 2-16 可以看出，单击"输出信息"按钮后，控制台中输出了"欢迎来到 Vue.js 的世界!"，说明使用 v-on 绑定成功。

2.3.4　双向数据绑定指令

在处理表单信息时，经常需要将输入框的值与变量保持同步。通过前面的学习可知，可以通过绑定 value 属性和 input 事件来实现，示例代码如下。

```
<input :value="info" @input="event => info = event.target.value">
```

上述代码虽然可以将输入框的值与变量保持同步，但是代码写起来比较麻烦。

Vue 为开发者提供了 v-model 指令来实现双向数据绑定，使用它可以在 input、textarea 和 select 元素上创建双向数据绑定，它会根据使用的元素自动选取对应的属性和事件组合，负责监听用户的输入事件并更新数据。v-model 的语法格式如下。

```
<标签名 v-model="数据名"></标签名>
```

v-model 内部会为不同的元素绑定不同的属性和事件，具体如下。

- textarea 元素和 text 类型的 input 元素会绑定 value 属性和 input 事件。
- checkbox 类型的 input 元素和 radio 类型的 input 元素会绑定 checked 属性和 change 事件。
- select 元素会绑定 value 属性和 change 事件。

例如，使用 v-model 实现输入框的值与变量保持同步，示例代码如下。

```
<input v-model="info">
```

在上述代码中，当 info 的值发生改变时，输入框的值会发生改变；当输入框的值发生改变时，info 的值也会发生改变。

需要说明的是，v-model 会忽略所有表单元素的 value、checked、selected 属性的初始值，而将 v-model 的数据作为数据来源。

为了方便对用户输入的内容进行处理，v-model 提供了 3 个修饰符。v-model 的修饰符如表 2-1 所示。

表 2-1　v-model 的修饰符

修饰符	作用
.number	自动将用户输入的值转换为数字类型
.trim	自动过滤用户输入的首尾空白字符
.lazy	在 change 事件而非 input 事件触发时更新数据

采用 v-model 对 input 元素进行双向数据绑定时，v-mode 会通过 input 事件更新数据，比较消耗性能。如果开发者只关注最后输入的结果，那么可以为 v-model 添加.lazy 修饰符，使用它可以通过 change 事件更新数据。

接下来通过实际操作的方式演示 v-model 的使用方法，具体步骤如下。

① 创建 src\components\VModel.vue 文件，具体代码如下。

```
1 <template>
2   请输入姓名: <input type="text" v-model="username">
3   <div>姓名是: {{ username }}</div>
4 </template>
5 <script setup>
6 import { ref } from 'vue'
```

```
7  const username = ref('zhangsan')
8  </script>
```

在上述代码中，第 2 行代码用于通过 v-model 对 input 元素进行双向数据绑定，绑定的数据为 username；第 3 行代码用于输出 username 数据；第 6 行代码用于导入 ref( )函数；第 7 行代码用于通过 ref( )函数定义响应式数据 username。

② 修改 src\main.js 文件，切换页面中显示的组件，具体代码如下。

```
import App from './components/VModel.vue'
```

保存上述代码后，在浏览器中访问 http://127.0.0.1:5173/，v-model 的初始页面效果如图 2-17 所示。

图2-17　v-model的初始页面效果

从图 2-17 可以看出，页面的初始数据 username 为 "zhangsan"，输入框的值为 "zhangsan"。在输入框中输入 "xiaoming"，页面效果如图 2-18 所示。

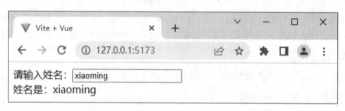

图2-18　在输入框中输入 "xiaoming"

从图 2-18 可以看出，输入框的值与 username 数据保持同步，说明 v-model 成功实现了双向数据绑定。

接下来通过实际操作的方式演示.number 修饰符的使用方法，具体步骤如下。

① 在 src\components\VModel.vue 文件的<script>标签中添加代码，定义响应式数据 n1 和 n2，具体代码如下。

```
1  const n1 = ref(1)
2  const n2 = ref(2)
```

② 在 src\components\VModel.vue 文件的<template>标签中添加代码，通过 v-model 实现双向数据绑定，具体代码如下。

```
1  <input type="text" v-model="n1"> + <input type="text" v-model="n2">
2  = {{ n1 + n2 }}
```

在上述代码中，第 1 行代码使用 input 元素定义了 2 个输入框，通过 v-model 绑定 n1 和 n2；第 2 行代码通过 Mustache 语法将 n1 和 n2 输出到页面中。

保存上述代码后，在浏览器中访问 http://127.0.0.1:5173/，未使用.number 修饰符的初始页面效果如图 2-19 所示。

从图 2-19 可以看出，页面的初始数据 n1 为 "1"，n2 为 "2"。

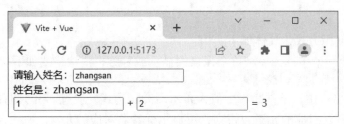

图2-19 未使用.number修饰符的初始页面效果

改变 n1 的值为"198"，查看 n1 + n2 的值。改变 n1 的值为"198"的页面效果如图 2-20 所示。

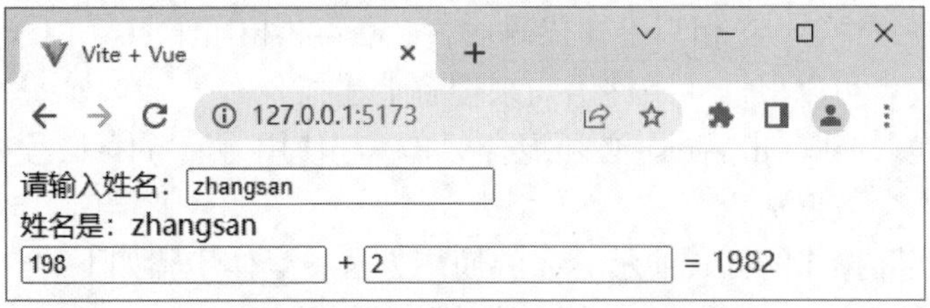

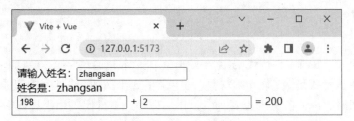

图2-20 改变n1的值为"198"的页面效果

从图 2-20 可以看出，n1 和 n2 进行了字符串拼接，没有进行加法运算，这是因为输入框的值为字符串类型，需要转换成数值类型才能进行加法运算。

③ 修改输入框的代码，通过添加.number 修饰符实现将用户输入的数字自动转换成数字类型，具体如下。

```
<input type="text" v-model.number="n1"> + <input type="text" v-model.number="n2">
```

接下来进行测试，改变 n1 的值为"198"，查看 n1 + n2 的值。使用.number 修饰符后改变 n1 的值为"198"的页面效果如图 2-21 所示。

图2-21 使用.number修饰符后改变n1的值为"198"的页面效果

从图 2-21 可以看出，使用 v-model 的.number 修饰符后，可以将输入框的值自动转换成数值类型，且计算结果正确。

2.3.5 条件渲染指令

在 Vue 中，当需要根据不同的判断结果显示不同的 DOM 元素时，可以通过条件渲染指令来实现。条件渲染指令可以辅助开发者按需控制 DOM 元素的显示与隐藏。条件渲染指令有 v-if 和 v-show 两种，下面分别进行讲解。

1. v-if

v-if 是根据布尔值切换元素的显示或隐藏状态，本质是通过操作 DOM 元素来切换显示状态。当给定的值为 true 时，元素存在于 DOM 树中；当给定的值为 false 时，元素从 DOM

树中移除。

v-if 有两种使用方式，具体如下。

① 直接给定一个条件，控制单个元素的显示或隐藏，语法格式如下。

```
<标签名 v-if="条件"></标签名>
```

在上述语法格式中，条件是一个值为布尔型的表达式，通过 v-if 判断条件的值，若值为 true，显示标签名对应的元素，否则，不显示标签名对应的元素。

② 通过 v-if 结合 v-else-if、v-else 来控制不同元素的显示或隐藏，语法格式如下。

```
<标签名 v-if="条件 A">展示 A</标签名>
<标签名 v-else-if="条件 B">展示 B</标签名>
<标签名 v-else>展示 C</标签名>
```

在上述语法格式中，v-if 相当于 if 代码块，v-else-if 相当于 else if 代码块，v-else 相当于 else 代码块，读者可以根据 if 条件语句来理解上述指令。

需要注意的是，v-else-if、v-else 必须配合 v-if 一起使用，且 v-else 必须在 v-if 或 v-else-if 的后面，否则将不会被识别。

接下来通过实际操作的方式演示 v-if 的使用方法，具体步骤如下。

① 创建 src\components\VIf.vue 文件，具体代码如下。

```
1  <template>
2    小明的学习评定等级为:
3    <p v-if="type === 'A'">优秀</p>
4    <p v-else-if="type === 'B'">良好</p>
5    <p v-else>差</p>
6    <button @click="type = 'A'">切换成优秀</button>
7    <button @click="type = 'B'">切换成良好</button>
8    <button @click="type = 'C'">切换成差</button>
9  </template>
10 <script setup>
11 import { ref } from 'vue'
12 const type = ref('B')
13 </script>
```

在上述代码中，第 3~5 行代码定义了 3 个 p 元素，通过 v-if、v-else-if、v-else 控制这 3 个 p 元素的显示或隐藏；第 6~8 行代码定义了 3 个按钮，并且为按钮添加了单击事件，当用户单击按钮时，type 值分别设置为 A、B、C；第 11 行代码用于导入 ref( )函数；第 12 行代码用于通过 ref( )函数定义响应式数据 type，type 表示学习评定等级。

② 修改 src\main.js 文件，切换页面中显示的组件，具体代码如下。

```
import App from './components/VIf.vue'
```

保存上述代码后，在浏览器中访问 http://127.0.0.1:5173/，v-if 的初始页面效果如图 2-22 所示。

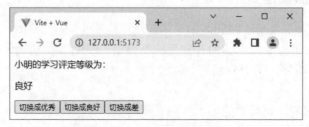

图2-22　v-if的初始页面效果

从图 2-22 可以看出，页面中显示了 type 值为 B 的 p 元素。

单击"切换成优秀"按钮后的页面效果如图 2-23 所示。

图2-23　单击"切换成优秀"按钮后的页面效果

从图 2-23 可以看出，页面中显示了 type 值为 A 的 p 元素。

读者可以尝试单击不同的按钮，查看页面中显示的内容。

2. v-show

v-show 与 v-if 都用来决定某一个元素是否在页面上显示出来。v-show 的原理是通过为元素添加或移除 display: none 样式来实现元素的显示或隐藏。

当需要频繁切换某个元素的显示或隐藏状态时，使用 v-show 会更节省性能开销；而当只需要切换一次显示或隐藏状态时，使用 v-if 更合理。

接下来通过实际操作的方式演示 v-show 的使用方法，具体步骤如下。

① 创建 src\components\VShow.vue 文件，具体代码如下。

```
1 <template>
2   <p v-if="flag">通过 v-if 控制的元素</p>
3   <p v-show="flag">通过 v-show 控制的元素</p>
4   <button @click="flag = !flag">显示/隐藏</button>
5 </template>
6 <script setup>
7 import { ref } from 'vue'
8 const flag = ref(true)
9 </script>
```

在上述代码中，第 2 行代码用于通过 v-if 控制 p 元素的显示或隐藏；第 3 行代码用于通过 v-show 控制 p 元素的显示或隐藏；第 4 行代码定义了按钮，并且为按钮添加了单击事件，当用户单击按钮时，将 flag 的值设为 flag 的取反值；第 7 行代码用于导入 ref( ) 函数；第 8 行代码用于通过 ref( ) 函数定义响应式数据 flag。

② 修改 src\main.js 文件，切换页面中显示的组件，具体代码如下。

```
import App from './components/VShow.vue'
```

保存上述代码后，在浏览器中访问 http://127.0.0.1:5173/并打开控制台，v-show 的初始效果如图 2-24 所示。

从图 2-24 可以看出，当 flag 为 true 时，通过 v-if、v-show 控制的 p 元素全部显示。

单击"显示/隐藏"按钮后的效果如图 2-25 所示。

从图 2-25 可以看出，页面中 p 元素均不显示，且通过 v-if 隐藏的 p 元素已经被移除，通过 v-show 隐藏的 p 元素被设置了 display: none 的样式。

图2-24　v-show的初始效果

图2-25　单击"显示/隐藏"按钮后的效果

2.3.6　列表渲染指令

在开发购物应用时，为了方便用户查找商品信息，通常会以商品列表的形式展示商品信息。在商品列表中，每件商品的结构都是相同的，如果每件商品的结构都要手动定义，会非常麻烦。为此，Vue 提供了列表渲染指令 v-for。开发者只需在模板中定义一件商品的结构，v-for 便会根据开发者提供的数据自动渲染商品列表中所有的商品。

使用 v-for 可以辅助开发者基于一个数组、对象、数字或字符串来循环渲染一个列表，下面分别进行讲解。

① 使用 v-for 根据数组渲染列表，语法格式如下。

```
<标签名 v-for="(item, index) in arr"></标签名>
```

在上述语法格式中，arr 为给定的数组，v-for 会根据数组中元素的个数来决定循环次数，循环开始时会依次取出数组中的元素，保存为 item。index 的值为从 0 开始自增的数字。

② 使用 v-for 根据对象渲染列表，语法格式如下。

```
<标签名 v-for="(item, name, index) in obj"></标签名>
```

在上述语法格式中，obj 为给定的对象，v-for 会根据对象中属性的个数来决定循环次数，循环开始时会依次取出对象中的属性，保存为 item。name 的值为 item 在对象中的属性名，index 的值为从 0 开始自增的数字。

③ 使用 v-for 根据数字渲染列表，语法格式如下。

```
<标签名 v-for="(item, index) in num"></标签名>
```

在上述语法格式中，num 为给定的数字，v-for 会把数字当成循环次数。item 的值为循环中的每个数字，初始值为 1，每次循环后，item 的值会自增 1。index 的值为从 0 开始自增的数字。

④ 使用 v-for 根据字符串渲染列表，语法格式如下。

```
<标签名 v-for="(item, index) in str"></标签名>
```

在上述语法格式中，str 为给定的字符串，v-for 会根据字符串中字符的个数来决定循环次数。循环时会依次取出字符串中的每个字符，保存为 item。index 的值是从 0 开始自增的数字。

在以上 4 种语法格式中，在 v-for 所在标签的内部，可以将 item、name 和 index 作为被输出的数据。如果不需要获取 name 和 index 的值，可以省略。如果只需要 item，则小括号也可以省略。另外，item、index 等名称都不是固定的，读者可以根据需要自行命名。

使用 v-for（根据 list 数组中的元素）渲染列表后，当在 list 数组中删除一个元素后，index 会发生变化，v-for 会重新渲染列表，导致性能下降。为了给 v-for 一个提示，以便它能跟踪每个节点的身份，从而对现有元素进行重用和重新排序，建议通过 key 属性为列表中的每一项提供具有唯一性的值，示例代码如下。

```
<div v-for="item in items" :key="item.id"></div>
```

上述代码表示使用 item.id 作为 key 属性值。

为 v-for 提供了 key 属性值后，既可以提高渲染性能，又能防止列表状态紊乱。key 属性值只能是字符串或数字类型，且必须具有唯一性，即 key 属性值不能重复。

接下来通过实际操作的方式演示 v-for 的 3 个常见案例，分别是根据一维数组渲染列表、根据对象数组渲染列表和根据对象渲染列表。

1. 根据一维数组渲染列表

① 创建 src\components\VFor1.vue 文件，具体代码如下。

```
1  <template>
2    <div v-for="(item, index) in list" :key="index">
3      索引是：{{ index }} --- 元素的内容是：{{ item }}
4    </div>
5  </template>
6  <script setup>
7  import { reactive } from 'vue'
8  const list = reactive(['HTML', 'CSS', 'JavaScript'])
9  </script>
```

在上述代码中，第 2~4 行代码定义了 div 元素，并使用 v-for（根据 list 数组中的元素）渲染列表，其中 item 表示数组中的每个元素，index 表示数组中的每个元素的索引；第 7 行代码用于导入 reactive() 函数；第 8 行代码用于通过 reactive() 函数定义响应式数据 list。

② 修改 src\main.js 文件，切换页面中显示的组件，具体代码如下。

```
import App from './components/VFor1.vue'
```

保存上述代码后，在浏览器中访问 http://127.0.0.1:5173/，根据一维数组渲染列表的页面效果如图 2-26 所示。

图2-26　根据一维数组渲染列表的页面效果

2. 根据对象数组渲染列表

① 创建 src\components\VFor2.vue 文件，具体代码如下。

```
1  <template>
2    <div v-for="item in list" :key="item.id">
3      id是: {{ item.id }} --- 元素的内容是: {{ item.message }}
4    </div>
5  </template>
6  <script setup>
7  import { reactive } from 'vue'
8  const list = reactive([
9    { id: 1, message: '梅', }, { id: 2, message: '兰', },
10   { id: 3, message: '竹', }, { id: 4, message: '菊', }
11 ])
12 </script>
```

在上述代码中，第 2~4 行代码定义了 div 元素，并使用 v-for（根据 list 数组中的元素）渲染列表，将 key 属性值设为 item.id；第 7 行代码用于导入 reactive( )函数；第 8~11 行代码用于通过 reactive( )函数定义响应式数据 list。

② 修改 src\main.js 文件，切换页面中显示的组件，具体代码如下。

```
import App from './components/VFor2.vue'
```

保存上述代码后，在浏览器中访问 http://127.0.0.1:5173/，根据对象数组渲染列表的页面效果如图 2-27 所示。

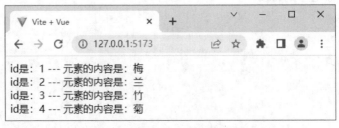

图2-27　根据对象数组渲染列表的页面效果

3. 根据对象渲染列表

① 创建 src\components\VFor3.vue 文件，具体代码如下。

```
1  <template>
2    <div v-for="(value, name) in user" :key="name">
3      属性名是: {{ name }} --- 属性值是: {{ value }}
4    </div>
5  </template>
6  <script setup>
7  import { reactive } from 'vue'
8  const user = reactive({ id: 11, name: '小明', gender: '男' })
9  </script>
```

在上述代码中，第 2~4 行代码定义了 div 元素，并使用 v-for（根据 user 对象中的数据）渲染列表；第 7 行代码用于导入 reactive( )函数；第 8 行代码用于通过 reactive( )函数定义响应式数据 user。user 表示学生对象，包含 id（学号）、name（姓名）、gender（性别）这 3 个属性。

② 修改 src\main.js 文件，切换页面中显示的组件，具体代码如下。

```
import App from './components/VFor3.vue'
```

保存上述代码后，在浏览器中访问 http://127.0.0.1:5173/，根据对象渲染列表的页面效果如图 2-28 所示。

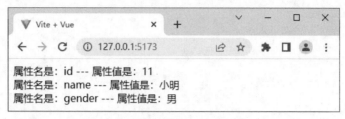

图2-28　根据对象渲染列表的页面效果

2.4　事件对象

在 Vue 开发中，有时需要获取事件发生时的一些信息，例如事件类型、事件发生的时间戳、事件被触发时对应标签的一些属性值集合等，此时可以通过事件对象来获取信息。事件对象是在事件触发时产生的对象，该对象保存了事件触发时的相关信息。

事件对象有两种获取方式，下面分别进行讲解。

1. 通过事件方法的参数获取事件对象

在 v-on 绑定的用于处理事件的方法中，可以接收到一个参数，这个参数就是事件对象，示例代码如下。

```
1 <template>
2   <button @click="greet">Greet</button>
3 </template>
4 <script setup>
5 const greet = event => console.log(event)
6 </script>
```

在上述代码中，第 5 行代码中的 event 就是 greet( )方法接收到的事件对象，接收后，通过 console.log( )方法将事件对象输出到控制台，从而查看事件对象的信息。

2. 通过$event 获取事件对象

$event 是 Vue 提供的内置变量，使用它可以获取事件对象，示例代码如下。

```
1 <template>
2   <button @click="change($event)">change</button>
3 </template>
4 <script setup>
5 const change = event => console.log(event)
6 </script>
```

在上述代码中，第 2 行代码中的$event 就是事件对象，它作为参数传递给 change( )方法；第 5 行代码用于通过 console.log( )方法将事件对象输出到控制台，从而查看事件对象的信息。

接下来通过实际操作的方式演示事件对象的使用方法，实现随着 count 值的变化更改按钮边框样式的效果，具体步骤如下。

① 创建 src\components\EventObject.vue 文件，具体代码如下。

```
1 <template>
2   <div>count 的值为：{{ count }}</div>
```

```
3    <button @click="addCount">count+1</button>
4  </template>
5  <script setup>
6  import { ref } from 'vue'
7  const count = ref(1)
8  const addCount = event => {
9    count.value++
10   if (count.value % 2 === 0) {
11     event.target.style.border = '3px dotted'
12   } else {
13     event.target.style.border = '3px solid'
14   }
15 }
16 </script>
```

在上述代码中，第 2 行代码通过 Mustache 语法将 count 值输出；第 3 行代码定义了按钮，并为按钮绑定单击事件，当用户单击按钮时会调用 addCount( )方法；第 6 行代码用于导入 ref( )函数；第 7 行代码用于通过 ref( )函数定义响应式数据 count；第 8 ~ 15 行代码定义了 addCount( )方法，在该方法中，先将 count 的值加 1，再判断 count 的值是奇数还是偶数，根据判断结果改变按钮的边框样式。

② 修改 src\main.js 文件，切换页面中显示的组件，具体代码如下。

```
import App from './components/EventObject.vue'
```

保存上述代码后，在浏览器中访问 http://127.0.0.1:5173/，通过事件方法的参数获取事件对象的页面效果如图 2-29 所示。

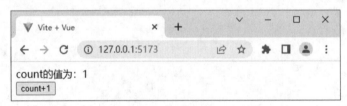

图2-29　通过事件方法的参数获取事件对象的页面效果

单击“count+1”按钮后的页面效果如图 2-30 所示。

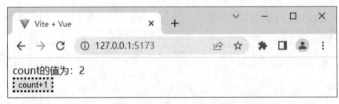

图2-30　单击“count+1”按钮后的页面效果

从图 2-30 可以看出，count 的值为 2，说明 addCount( )方法成功绑定并执行。由于 count 的值为偶数，按钮边框样式被设置为 dotted（圆点）。

再次单击“count+1”按钮后的运行结果如图 2-31 所示。

从图 2-31 可以看出，count 的值为 3，由于 count 的值为奇数，按钮边框样式被设置为 solid（实线）。

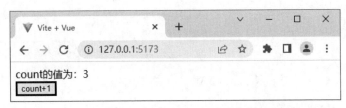

图2-31 再次单击"count+1"按钮后的运行结果

接下来修改 src\components\EventObject.vue 文件，演示通过$event 获取事件对象的方式，具体步骤如下。

① 编写 addCountN( )方法，具体代码如下。

```
1  const addCountN = (n, event) => {
2    count.value += n
3    if (count.value % 2 === 0) {
4      event.target.style.border = '3px dotted'
5    } else {
6      event.target.style.border = '3px solid'
7    }
8  }
```

在上述代码中，addCountN( )方法接收两个参数，分别是 n 和 event。其中，n 表示要在 count 基础上增加的数字，event 表示事件对象。第 2 行代码用于将 count 的值加 n。第 3 ~ 7 行代码用于判断 count 的值是奇数还是偶数，根据判断结果改变按钮的边框样式。

② 修改页面结构代码，增加一个按钮，具体代码如下。

```
<button @click="addCountN(3, $event)">count+n</button>
```

在上述代码中，定义了一个按钮，并为按钮添加了单击事件，当用户单击按钮时会触发 addCountN( )方法，为该方法传递了 2 个参数，第 1 个参数 3 表示要在 count 基础上增加的值，第 2 个参数$event 表示事件对象。

保存上述代码后，在浏览器中访问 http://127.0.0.1:5173/，通过$event 获取事件对象的页面效果如图 2-32 所示。

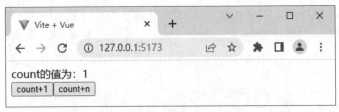

图2-32 通过$event获取事件对象的页面效果

单击"count+n"按钮后的页面效果如图 2-33 所示。

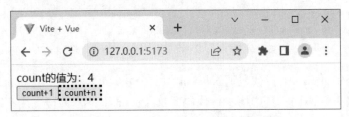

图2-33 单击"count+n"按钮后的页面效果

再次单击"count+n"按钮后的页面效果如图 2–34 所示。

图2–34　再次单击"count+n"按钮后的页面效果

从图 2–32 ~ 图 2–34 可以看出，addCountN( )方法成功执行，并且当 count 的值发生奇偶变化时，边框样式会发生改变，说明可以通过$event 获取的事件对象改变按钮边框效果。

2.5　事件修饰符

在处理事件时，有时需要调用 DOM 中原生的 event.stopPropagation( )方法实现阻止事件冒泡的功能。为了简化开发，Vue 为开发者提供了事件修饰符，它可以与 v-on 配合使用，以便于对事件进行控制，让开发者更专注于逻辑。事件修饰符用于修饰事件的行为，写在事件名称之后，多个事件修饰符可以串联使用。下面讲解通过事件修饰符可以实现的一些功能。

1. 阻止默认事件行为

通过.prevent 事件修饰符可以实现阻止默认事件行为的功能。例如，在单击\<a\>标签时页面会自动跳转，这就是\<a\>标签的默认事件行为。在实际开发中，如果默认事件行为与事件发生冲突，可以使用.prevent 事件修饰符阻止默认事件行为，示例代码如下。

```
<a href="test.html" v-on:click.prevent>阻止默认行为</a>
```

上述代码阻止了\<a\>标签的默认事件行为。阻止后，当用户单击"阻止默认行为"链接时，页面不会发生跳转。

2. 阻止事件冒泡

通过.stop 事件修饰符可以实现阻止事件冒泡的功能。在默认情况下，浏览器会进行事件冒泡，其现象是：当用户单击子元素时，会向上触发父元素、祖先元素的单击事件。事件冒泡在 DOM 树中的方向是由内向外。使用.stop 事件修饰符可以阻止事件冒泡，示例代码如下。

```
1  <template>
2   <div v-on:click="show('我是父元素的事件')">
3    <button v-on:click="show('我是子元素的事件')">事件冒泡</button>
4    <button v-on:click.stop="show('我是子元素的事件')">阻止事件冒泡</button>
5   </div>
6  </template>
7  <script setup>
8  let show = message => console.log(message)
9  </script>
```

在上述代码中，第 2 ~ 4 行代码通过 v-on 为 1 个 div 元素和 2 个 button 元素绑定了单击事件，事件方法为 show( )，其中第 4 行代码添加了.stop 事件修饰符，用于阻止事件冒泡；第 8 行代码定义了 show( )方法，用于在控制台中输出信息。

保存上述代码后，运行程序。单击"事件冒泡"按钮后，控制台中输出了"我是子元素的事件"和"我是父元素的事件"，说明子元素和父元素绑定的事件都被触发，出现了事件冒泡。单击"阻止事件冒泡"按钮后，控制台中输出了"我是子元素的事件"，说明事件冒泡已被成功阻止。

3. 事件捕获

通过.capture 事件修饰符可以实现事件捕获的功能。事件捕获的顺序与事件冒泡的顺序相反，在 DOM 树中的方向是由外向内。.capture 事件修饰符改变了事件的默认执行顺序，从事件冒泡的顺序更改为了事件捕获的顺序。使用.capture 事件修饰符实现事件捕获的示例代码如下。

```
1 <template>
2   <div v-on:click.capture="show('我是父元素的事件')">
3     <button v-on:click="show('我是子元素的事件')">事件捕获</button>
4   </div>
5 </template>
6 <script setup>
7 let show = message => console.log(message)
8 </script>
```

保存上述代码后，运行程序。单击"事件捕获"按钮后，控制台中先输出"我是父元素的事件"，再输出"我是子元素的事件"，表明事件的执行顺序为从外部到内部，这就是事件捕获的执行顺序。

4. 使事件只触发一次

通过.once 事件修饰符可以实现使事件只触发一次的功能。.once 事件修饰符用于阻止事件的多次触发，让事件只触发一次，示例代码如下。

```
1 <template>
2   <button v-on:click.once ="show('我是当前元素的单击事件且只执行一次')">只执行一次
</button>
3 </template>
4 <script setup>
5 let show = message => console.log(message)
6 </script>
```

保存上述代码后，运行程序。第一次单击"只执行一次"按钮，控制台中输出"我是当前元素的单击事件且只执行一次"；当单击多次"只执行一次"按钮后，控制台中没有输出新的信息，说明事件只被触发一次。

5. 使 DOM 元素只有自身触发事件时才执行事件方法

通过.self 事件修饰符可以实现只有 DOM 元素自身触发事件时才执行事件方法的功能。.stop 事件修饰符和.self 事件修饰符都可以阻止事件冒泡，二者的区别在于，.stop 事件修饰符是阻止事件向外冒泡，当在子元素中添加.stop 事件修饰符后，子元素的事件就不会冒泡到父元素；而.self 事件修饰符是只有自身触发事件时才执行事件，别的时候不会执行事件，即使子元素的事件冒泡到该元素，也不会执行事件，但是子元素的事件会冒泡到祖先元素。

使用.self 事件修饰符的示例代码如下。

```
1 <template>
2   <div v-on:click="show('我是祖先元素的事件')">祖先元素
3     <div v-on:click.self="show('我是父元素的事件')">父元素
4       <div v-on:click="show('我是子元素的事件')">子元素</div>
```

```
 5      </div>
 6    </div>
 7  </template>
 8  <script setup>
 9  let show = message => console.log(message)
10  </script>
```

　　在上述代码中，第 3 行代码添加了 .self 事件修饰符，用于使 div 元素只有自身触发事件时才执行 show( )方法。

　　保存上述代码后，运行程序。单击"子元素"后，控制台中输出了"我是子元素的事件"和"我是祖先元素的事件"。当单击"父元素"后，控制台中输出了"我是父元素的事件"和"我是祖先元素的事件"，说明给 div 元素添加 .self 事件修饰符后，只有单击 div 元素本身时才会触发事件。

　　需要注意的是，当多个事件修饰符串联使用时，串联的顺序很重要，不同的顺序会产生不同的结果。例如，v-on:click.prevent.self 会阻止默认行为，而 v-on:click.self.prevent 只会阻止对元素自身的单击事件。

6. 监听滚动事件

　　通过 .passive 事件修饰符可以实现监听滚动事件的功能。.passive 事件修饰符主要用于优化移动端设备的滚屏性能。添加 .passive 事件修饰符后会优先响应滚动事件而不是滚动事件的回调函数，从而可提升性能。

　　使用 .passive 事件修饰符的示例代码如下。

```
<div v-on:scroll.passive="onScroll"></div>
```

　　在上述代码中，为 div 元素绑定了滚动事件，当元素滚动时会调用 onScroll( )方法，.passive 事件修饰符用于监听滚动事件。

　　保存上述代码后，运行程序。当 div 元素的滚动事件被触发时，滚动事件的默认行为即滑动滚动条将立即发生，无须等待 onScroll( )方法执行完毕。

7. 捕获特定按键

　　Vue 提供了一些用于修饰键盘事件的修饰符，使用它们可以捕获特定按键，其中常用的修饰符如下。

- .enter：捕获"Enter"键。
- .esc：捕获"Esc"键。
- .tab：捕获"Tab"键。
- .delete：捕获"Delete"键和"Backspace"键。
- .ctrl：捕获"Ctrl"键。
- .alt：捕获"Alt"键。
- .shift：捕获"Shift"键。
- .meta：在 macOS 的键盘上捕获"Command"键；在 Windows 系统的键盘上捕获"Windows"徽标键。

　　接下来以捕获"Enter"键为例，演示 .enter 事件修饰符的使用，示例代码如下。

```
1  <template>
2    <input type="text" v-on:keyup.enter="submit">
3  </template>
4  <script setup>
```

```
5 let submit = () => console.log('捕获到 Enter 键')
6 </script>
```

上述代码运行后，如果用户先单击 input 元素获取焦点，然后按"Enter"键，就会触发 submit( )方法，控制台中会输出"捕获到 Enter 键"。当按"Alt+Enter"组合键或者"Ctrl+Enter"组合键时，也会触发 submit( )函数。

如果想实现只有按下"Enter"键时才能触发事件，可以通过.exact 修饰符来实现，该修饰符允许控制由精确的系统修饰符组合触发的事件。

修改 input 元素实现仅当"Enter"键被按下的时候才触发，示例代码如下。

```
<input type="text" v-on:keyup.enter.exact="submit">
```

上述代码表示在获取焦点后，当只按"Enter"键且没有按别的键时会触发事件，控制台中输出"捕获到 Enter 键"。按"Alt+Enter"组合键或者"Ctrl+Enter"组合键时不会触发事件。

8. 捕获鼠标按键

Vue 中提供了一些用于捕获鼠标按键的事件修饰符，其中常用的修饰符如下。

- .left：捕获鼠标左键。
- .middle：捕获鼠标中键。
- .right：捕获鼠标右键。

接下来以捕获鼠标左键为例，演示鼠标按键修饰符的使用，示例代码如下。

```
1 <template>
2   <button v-on:click.left="show('捕获到鼠标左键')">按钮</button>
3 </template>
4 <script setup>
5 let show = message => console.log(message)
6 </script>
```

上述代码表示当按下鼠标左键来单击按钮时，控制台中输出"捕获到鼠标左键"。

2.6　计算属性

在 Vue 中，Mustache 语法可以将表达式的值作为输出内容，但是如果模板中写太多逻辑会导致代码臃肿且难以维护。因此 Vue 提供了计算属性来描述依赖响应式数据的复杂逻辑。

计算属性可以实时监听数据的变化，返回一个计算后的新值，并将计算结果缓存起来。只有计算属性中依赖的数据源变化了，计算属性才会自动重新求值，并重新加入缓存。

在组件中使用计算属性有以下 2 个步骤。

1. 定义计算属性

计算属性通过 computed( )函数定义，该函数的参数为一个回调函数，开发者需要在回调函数中实现计算功能，并在计算完成后返回计算后的数据，语法格式如下。

```
1 <script setup>
2 import { computed } from 'vue'
3 const 计算属性名 = computed(() => {
4   return 计算后的数据
5 })
6 </script>
```

2. 输出计算属性

将计算属性定义好后，可以使用 Mustache 语法输出计算属性，语法格式如下。

```
{{ 计算属性名 }}
```

接下来通过实际操作的方式演示计算属性的使用方法，演示如何通过计算属性实现字符串反转功能，具体步骤如下。

① 创建 src\components\Computed.vue 文件，具体代码如下。

```
1  <template>
2    <p>初始 message: {{ message }}</p>
3    <p>反转之后的 message: {{ reversedMessage }}</p>
4    <button @click="updateMessage">更改</button>
5  </template>
6  <script setup>
7  import { ref, computed } from 'vue'
8  const message = ref('Hello World')
9  const reversedMessage = computed(() =>
10   message.value.split('').reverse().join('')
11 )
12 const updateMessage = () => {
13   message.value = 'hello'
14 }
15 </script>
```

在上述代码中，第 2 ~ 3 行代码分别用于输出 message 和 reversedMessage 的值；第 4 行代码定义了"更改"按钮，并为按钮绑定单击事件，当单击时会调用 updateMessage() 方法；第 8 行代码用于定义响应式数据 message；第 9 ~ 11 行代码定义了计算属性 reversedMessage，用于实现字符串反转，其中，第 10 行代码先通过 split() 方法将 message 的值分割成字符串数组，然后通过 reverse() 方法颠倒字符串数组中元素的顺序，最后通过 join() 方法将字符串数组中所有的元素转换成一个字符串；第 12 ~ 14 行代码定义了 updateMessage() 方法，用于改变 message 的值。

② 修改 src\main.js 文件，切换页面中显示的组件，具体代码如下。

```
import App from './components/Computed.vue'
```

保存上述代码后，在浏览器中访问 http://127.0.0.1:5173/，通过计算属性实现的页面效果如图 2-35 所示。

图2-35　通过计算属性实现的页面效果

从图 2-35 可以看出，通过计算属性可以实现字符串的反转效果。

单击"更改"按钮后的页面效果如图 2-36 所示。

从图 2-36 可以看出，单击"更改"按钮后，初始 message 和反转之后的 message 都发生了变化，说明当计算属性依赖的数据发生了变化时，计算属性会重新计算，并在页面上更新计算结果。

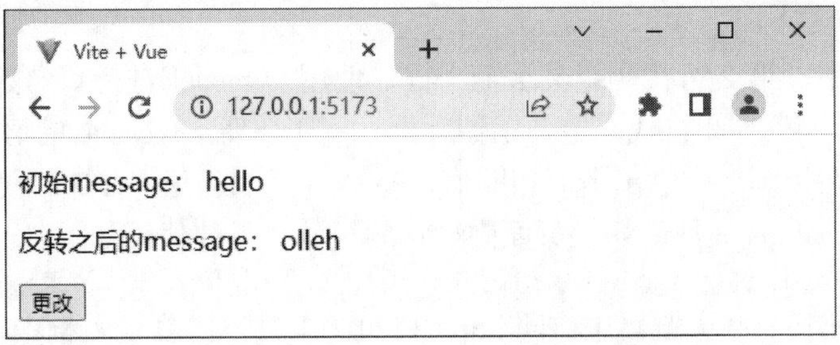

图2-36　单击"更改"按钮后的页面效果

2.7　侦听器

在 Vue 中，开发者可以自定义方法来进行数据的更新操作，但是不能自动监听数据的状态。如果想在数据更新后进行相应的操作，可以通过侦听器来实现。

侦听器通过 watch( )函数定义，watch( )函数的语法格式如下。

```
watch(侦听器的来源，回调函数，可选参数)
```

watch( )函数有 3 个参数，下面对这 3 个参数分别进行讲解。

第 1 个参数是侦听器的来源，侦听器的来源可以有以下 4 种。

- 一个函数，返回一个值。
- 一个响应式数据。
- 一个响应式对象。
- 一个由以上类型的值组成的数组。

第 2 个参数是数据发生变化时要调用的回调函数，这个回调函数的第 1 个参数表示新值，即数据发生变化后的值，第 2 个参数表示旧值，即数据发生变化前的值。

第 3 个参数是可选参数，它是一个对象，该对象有以下 2 个常用选项。

- deep：默认情况下，当监听一个对象时，如果对象中的属性值发生了变化，则无法被监听到。如果想监听到，可以将该选项设为 true，表示进行深度监听。该选项的默认值为 false，表示不使用该选项。

- immediate：默认情况下，组件在初次加载完毕后不会调用侦听器的回调函数。如果想让侦听器的回调函数立即被调用，则需要将选项设为 true。该选项的默认值为 false，表示不使用该选项。

接下来通过实际操作的方式演示侦听器的使用方法，实现监听输入框的值的变化，具体步骤如下。

① 创建 src\components\Watch.vue 文件，具体代码如下。

```
1  <template>
2    <input type="text" v-model="cityName">
3  </template>
4  <script setup>
5  import { watch, ref } from 'vue'
6  const cityName = ref('beijing')
7  watch(cityName, (newVal, oldVal) => {
```

```
8    console.log(newVal, oldVal)
9  })
10 </script>
```

在上述代码中，第 2 行代码定义了输入框，使用 v-model 进行双向数据绑定，绑定的数据为 cityName；第 7～9 行代码定义了侦听器，用于监听 cityName 的值，当 cityName 的值发生变化时，在控制台中输出新值和旧值，newVal 代表新值，oldVal 代表旧值。

② 修改 src\main.js 文件，切换页面中显示的组件，具体代码如下。

```
import App from './components/Watch.vue'
```

保存上述代码后，在浏览器中访问 http://127.0.0.1:5173/，在输入框中输入"beijing123"后的页面效果和控制台如图 2-37 所示。

图2-37　在输入框中输入"beijing123"后的页面效果和控制台

从图 2-37 可以看出，侦听器成功监听了输入框的值的变化，并在控制台中输出变化后的新值和变化前的旧值。

2.8　样式绑定

在项目开发中，除了需要定义页面结构外，还需要美化页面的样式，从而吸引用户的目光。在 Vue 中，通过绑定 class 属性和 style 属性可以实现元素的样式绑定。样式绑定后，可以很方便地更改元素的样式。本节将对样式绑定进行详细讲解。

2.8.1　绑定 class 属性

在 Vue 中，通过更改元素的 class 属性可以更改元素的样式，而对 class 属性的操作可以通过 v-bind 来实现。使用 v-bind 绑定 class 属性时，可以将 class 属性值绑定为字符串、对象或数组，下面分别进行讲解。

1. 将 class 属性值绑定为字符串

在 Vue 中，可以将 class 属性值绑定为字符串，示例代码如下。

```
1 <template>
2   <div v-bind:class="className"></div>
3 </template>
4 <script setup>
5 const className = 'box'
6 </script>
```

在上述代码中，第 2 行代码中的 className 表示要绑定的类名。className 的值是字符串类型，需在<script>标签中定义。

运行上述代码后，div 元素的渲染结果如下。

```
<div class="box"></div>
```

接下来通过实际操作的方式演示如何为 class 属性绑定字符串，具体步骤如下。

① 创建 src\components\ClassStr.vue 文件，具体代码如下。

```
1  <template>
2    <div v-bind:class="className">梦想</div>
3  </template>
4  <script setup>
5  const className = 'box'
6  </script>
7  <style>
8  .box {
9    border: 1px solid black;
10 }
11 </style>
```

在上述代码中，第 2 行代码用于绑定 class 属性，属性值为 className；第 5 行代码定义了 className，表示类名；第 8 ~ 10 行代码定义了 box 的样式类。

② 修改 src\main.js 文件，切换页面中显示的组件，具体代码如下。

```
import App from './components/ClassStr.vue'
```

保存上述代码后，在浏览器中访问 http://127.0.0.1:5173/，为 class 属性绑定字符串的页面效果和控制台如图 2-38 所示。

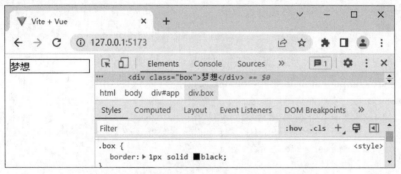

图2-38　为class属性绑定字符串的页面效果和控制台

从图 2-38 可以看出，页面中的元素都已经正确设置了样式，说明当前成功完成了样式绑定。

2. 将 class 属性值绑定为对象

在 Vue 中，可以将 class 属性值绑定为对象，从而动态地改变 class 属性值。对象中包含的属性名表示类名，属性值为布尔类型。如果属性值为 true，表示类名生效，否则类名不生效。

将 class 属性值绑定为对象的示例代码如下。

```
1  <template>
2    <div v-bind:class="{ className: isActive }"></div>
3  </template>
4  <script setup>
5  import { ref } from 'vue'
```

```
6 const isActive = ref(true)
7 </script>
```

在上述代码中，第 2 行代码中的 className 表示要绑定的类名，当 isActive 为 true 时会为元素添加 className（类名）；当 isActive 为 false 时会为元素移除 className。

运行上述代码后，div 元素的渲染结果如下。

```
<div class="className"></div>
```

使用 v-bind 绑定的 class 属性可以与普通的 class 属性共存，示例代码如下。

```
<div class="className1" v-bind:class="{ className2: isActive }"></div>
```

在上述代码中，当 isActive 为 true 时，div 元素的渲染结果如下。

```
<div class="className1 className2"></div>
```

在使用 v-bind 绑定 class 属性时，如果不想将对象类型的 class 属性值直接写在模板中，可以将属性值定义成一个响应式对象或一个返回对象的计算属性，示例代码如下。

```
1 <template>
2   <div v-bind:class="classObject1"></div>
3   <div v-bind:class="classObject2"></div>
4 </template>
5 <script setup>
6 import { reactive, ref, computed } from 'vue'
7 // 定义响应式对象
8 const classObject1 = reactive({ className: true })
9 const isActive = ref(true)
10 // 定义计算属性
11 const classObject2 = computed(() => ({
12   className: isActive.value
13 }))
14 </script>
```

接下来通过实际操作的方式演示如何为 class 属性绑定对象，具体步骤如下。

① 创建 src\components\ClassObject.vue 文件，具体代码如下。

```
1 <template>
2   <div class="text" v-bind:class="{ box: isBox, border: isBorder }">
3     <div v-bind:class="{ inner: isInner }">春夏</div>
4     <div v-bind:class="classObject">秋冬</div>
5     <div v-bind:class="classMeal">三餐四季~</div>
6   </div>
7 </template>
8 <script setup>
9 import { ref, reactive, computed } from 'vue'
10 const isBox = ref(true)
11 const isBorder = ref(true)
12 const isInner = ref(true)
13 const isMeal = ref(true)
14 const classObject = reactive({ inner: true })
15 const classMeal = computed(() => ({
16   meal: isMeal.value
17 }))
18 </script>
```

在上述代码中，第 2 行代码用于使普通的 class 属性和通过 v-bind 指令绑定的 class 属性共存；第 3 行代码将 class 属性值绑定为对象；第 4 行代码通过 v-bind 指令将 class 属性值绑定为对象变量；第 5 行代码通过 v-bind 指令将 class 属性绑定为计算属性；第 9 行代码导入了 ref( )、reactive( )、computed( )函数；第 10～13 行代码定义了 4 个响应式数据，分别是 isBox、isBorder、isInner、isMeal；第 14 行代码定义了 1 个响应式对象，属性为 inner，属性值为 true，表示该 class 属性存在；第 15～17 行代码定义了 classMeal 计算属性，实现控制 meal 属性是否存在。

② 在 src\components\ClassObject.vue 文件中定义页面所需的样式，具体代码如下。

```
1  <style>
2  .text {
3    text-align: center;
4    line-height: 30px;
5  }
6  .box {
7    width: 100%;
8    background: linear-gradient(white, rgb(239, 250, 86));
9  }
10 .border {
11   border: 2px dotted black;
12 }
13 .inner {
14   margin-top: 2px;
15   width: 100px;
16   height: 30px;
17   border: 2px double black;
18 }
19 .meal {
20   width: 100px;
21   height: 30px;
22   border: 2px dashed rgb(120, 81, 227);
23 }
24 </style>
```

在上述代码中，第 2～5 行代码定义了文本水平居中和行高样式；第 6～9 行代码定义了宽度和背景线性渐变样式；第 10～12 行代码定义了边框样式；第 13～18 行代码定义了上外边距、宽度、高度和边框样式；第 19～23 行代码定义了宽度、高度和边框样式。

③ 修改 src\main.js 文件，切换页面中显示的组件，具体代码如下。

```
import App from './components/ClassObject.vue'
```

保存上述代码后，在浏览器中访问 http://127.0.0.1:5173/，为 class 属性绑定对象的页面效果如图 2-39 所示。

图2-39　为class属性绑定对象的页面效果

从图 2-39 可以看出，页面中的元素都已经正确设置了样式，说明当前成功完成了样式绑定。

3. 将 class 属性值绑定为数组

在 Vue 中，v-bind 指令中的 class 属性值除了字符串和对象外，还可以是一个数组，用以动态地切换 HTML 的 class 属性，数组中的每个元素为要绑定的类名。

将 class 属性值绑定为数组的示例代码如下。

```
1 <template>
2   <div v-bind:class="[className1, className2]"></div>
3 </template>
4 <script setup>
5 import { ref } from 'vue'
6 const className1 = ref('active')
7 const className2 = ref('error')
8 </script>
```

在上述代码中，第 2 行代码中的 className1 和 className2 表示要绑定的类名；第 6 ~ 7 行代码定义了相应的类名。

运行上述代码后，div 元素渲染结果如下。

```
<div class="active error"></div>
```

如果想有条件地切换列表中的 class，可以使用三元表达式，示例代码如下。

```
<div v-bind:class="[isActive ? className1 : className2]"></div>
```

在上述代码中，当 isActive 为 true 时，使用 className1 的值作为类名，否则使用 className2 的值作为类名。

当 class 有多个条件时，在数组语法中也可以使用对象语法，示例代码如下。

```
<div v-bind:class="[{ active: isActive }, className2]"></div>
```

接下来通过实际操作的方式演示如何为 class 属性绑定数组，具体步骤如下。

① 创建 src\components\ClassArray.vue 文件，具体代码如下。

```
1 <template>
2   <div v-bind:class="[activeClass, borderClass]"></div>
3   <div v-bind:class="[isActive ? activeClass : '', borderClass]"></div>
4   <div v-bind:class="[{ active: isActive }, borderClass]"></div>
5 </template>
6 <script setup>
7 import { ref } from 'vue'
8 const isActive = ref(true)
9 const activeClass = ref('active')
10 const borderClass = ref('border')
11 </script>
```

在上述代码中，第 2 行代码通过数组的形式为 div 元素绑定 class 属性；第 3 行代码在数组中使用三元表达式为 div 元素绑定 class 属性；第 4 行代码通过在数组中使用对象语法为 div 元素绑定 class 属性；第 7 行代码导入了 ref( ) 函数；第 8 ~ 10 行代码定义了 isActive、activeClass 和 borderClass 共 3 个数据。

② 在 src\components\ClassArray.vue 文件中定义页面所需的样式，具体代码如下。

```
1 <style>
2 .active {
3   width: 100px;
```

```
4    height: 10px;
5    margin-bottom: 2px;
6    background-color: rgb(59, 192, 241);
7  }
8  .border {
9    border: 2px solid rgb(0, 0, 0);
10 }
11 </style>
```

在上述代码中，第 2~7 行代码定义了宽度、高度、下外边距和背景颜色；第 8~10 行代码定义了边框样式。

③ 修改 src\main.js 文件，切换页面中显示的组件，具体代码如下。

```
import App from './components/ClassArray.vue'
```

保存上述代码后，在浏览器中访问 http://127.0.0.1:5173/，为 class 属性绑定数组的页面效果如图 2-40 所示。

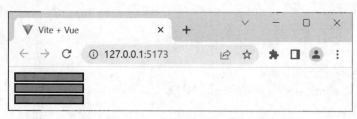

图2-40　为class属性绑定数组的页面效果

从图 2-40 可以看出，页面中的元素都已经正确设置了样式，说明当前成功完成了样式绑定。

2.8.2　绑定 style 属性

在 Vue 中，通过更改元素的 style 属性也可以更改元素的样式，对 style 属性的操作也可以通过 v-bind 来实现。使用 v-bind 绑定 style 属性时，可以将 style 属性值绑定为对象或数组，下面分别进行讲解。

1. 将 style 属性值绑定为对象

在 Vue 中，将 style 属性值绑定为对象时，该对象中的属性名表示 CSS 属性名，属性值为 CSS 属性值。CSS 属性名可以用驼峰式（camelCase）或短横线分隔（kebab-cased）的形式来命名。例如，用于设置元素的字体大小的属性有 fontSize 和 font-size 两种写法。

需要注意的是，如果在对象中 CSS 属性名使用短横线分隔的形式命名，需要将属性名写成字符串的形式。

以对象语法绑定元素的 style 属性，示例代码如下。

```
1  <template>
2    <div v-bind:style="{ color: 'red', 'font-size': '30px' }"></div>
3    <div v-bind:style="{ color: activeColor, fontSize: fontSize + 'px' }">
4    </div>
5  </template>
6  <script setup>
7  import { ref } from 'vue'
8  const activeColor = ref('red')
9  const fontSize = ref(30)
10 </script>
```

上述代码是将对象直接定义在模板中。除这种方式外，还可以将对象定义在<script>标签中，示例代码如下。

```
1  <template>
2    <div v-bind:style="styleObject"></div>
3  </template>
4  <script setup>
5  import { reactive } from 'vue';
6  const styleObject = reactive({
7    color: 'red',
8    fontSize: '12px'
9  })
10 </script>
```

接下来通过实际操作的方式演示如何为 style 属性绑定对象，具体步骤如下。

① 创建 src\components\StyleObject.vue 文件，具体代码如下。

```
1  <template>
2    <!-- 绑定样式属性值 -->
3    <div v-bind:style="{ 'background-color': pink, width: width, height: height
+ 'px' }">
4      <!-- 三元表达式 -->
5      <div v-bind:style="{ backgroundColor: isBlue ? blue : 'black', width: '50px',
height: '20px' }"></div>
6      <!-- 绑定样式对象 -->
7      <div v-bind:style="myDiv"></div>
8    </div>
9  </template>
10 <script setup>
11 import { ref, reactive } from 'vue'
12 const isBlue = ref(false)
13 const blue = ref('blue')
14 const pink = ref('pink')
15 const width = ref('100%')
16 const height = ref(40)
17 const myDiv = reactive({
18   backgroundColor: 'red',
19   width: '50px',
20   height: '20px'
21 })
22 </script>
```

在上述代码中，第 3~8 行代码用于通过 v-bind 以对象语法绑定 style 属性，其中，第 3 行代码以对象语法绑定样式属性值，第 5 行代码用于通过三元表达式绑定样式属性值，第 7 行代码用于绑定样式对象；第 11 行代码导入了 ref( )、reactive( )函数；第 12 行代码定义了 isBlue 数据，表示 blue 属性是否存在；第 13~16 行代码定义了样式属性和属性值；第 17~21 行代码定义了一个响应式对象，该对象中包含一些样式属性和属性值。

② 修改 src\main.js 文件，切换页面中显示的组件，具体代码如下。

```
import App from './components/StyleObject.vue'
```

保存上述代码后，在浏览器中访问 http://127.0.0.1:5173/，为 style 属性绑定对象的页面效果如图 2-41 所示。

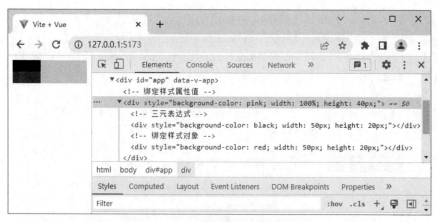

图2-41　为style属性绑定对象的页面效果

从图 2-41 中可以看出，页面中的元素都已经正确设置了样式，说明当前成功完成了样式绑定。

2. 将 style 属性绑定为数组

将 style 属性绑定为数组，可以实现将多个样式应用到同一个元素上，示例代码如下。

```
<div v-bind:style="[classObj1, classObj2]"></div>
```

在上述代码中，数组中的每一个元素都是一个对象，例如 classObj1 和 classObj2，对象中包含 CSS 属性名和属性值。每个对象需要在<script>标签中定义。

接下来通过实际操作的方式演示如何为 class 属性绑定数组，具体步骤如下。

① 创建 src\components\StyleArray.vue 文件，具体代码如下。

```
1  <template>
2    <!-- 使用数组 -->
3    <div v-bind:style="[activeClass, borderClass]"></div>
4    <!-- 使用三元表达式 -->
5    <div v-bind:style="[isActive ? activeClass : '', borderClass]"></div>
6    <!-- 数组语法中使用对象语法 -->
7    <div v-bind:style="[{ backgroundColor: 'rgb(59, 192, 241)', height: '10px' }, borderClass]"></div>
8  </template>
9  <script setup>
10 import { ref, reactive } from 'vue'
11 const isActive = ref(true)
12 const activeClass = reactive({
13   height: '10px',
14   backgroundColor: 'rgb(59, 192, 241)'
15 })
16 const borderClass = reactive({
17   border: '2px solid rgb(0, 0, 0)'
18 })
19 </script>
```

在上述代码中，第 3 行代码用于通过 v-bind 以数组语法绑定 style 属性；第 5 行代码用于通过三元表达式绑定样式属性值；第 7 行代码用于绑定样式对象；第 11 行代码定义了 isActive 数据，表示 activeClass 属性是否存在；第 12 ~ 18 行代码定义了 2 个响应式对象，这 2 个对象中包含一些样式属性和属性值。

② 修改 src\main.js 文件，切换页面中显示的组件，具体代码如下。

```
import App from './components/StyleArray.vue'
```

保存上述代码后，在浏览器中访问 http://127.0.0.1:5173/，为 style 属性绑定数组的页面效果和控制台如图 2-42 所示。

图2-42　为style属性绑定数组的页面效果和控制台

从图 2-42 可以看出，页面中的元素都已经正确设置了样式，说明当前成功完成了样式绑定。

2.9　阶段案例——学习计划表

随着生活节奏的加快，人们倾向于提前规划一段时间的生活、学习和工作的安排，从而将各项事务都安排得井井有条，帮助人们从易到难、循序渐进地完成每项事务。对于学生，同样应该提前安排好学习的时间和内容，从而提高学习效率。接下来将开发一个"学习计划表"案例，用于对学习计划进行管理，包括对学习计划进行添加、删除、修改等操作。

当"学习计划表"案例打开后，页面中会展示学生的学习计划，包括学习科目、学习内容、学习地点、完成状态等。"学习计划表"的初始页面效果如图 2-43 所示。

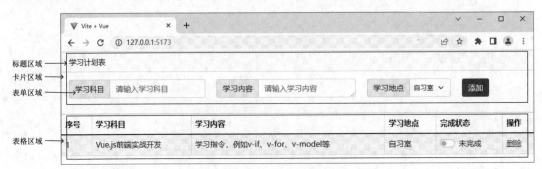

图2-43　"学习计划表"的初始页面效果

"学习计划表"页面分为上下两个部分，下面分别进行介绍。

　　页面上半部分为卡片区域，包含标题区域和表单区域。其中，标题区域中展示标题为"学习计划表"；表单区域中可以根据实际情况输入学习科目、学习内容、学习地点等内容，学习地点有 3 个选项，包括自习室、图书馆、宿舍。单击"添加"按钮即可添加学习计划，默认添加的完成状态为"未完成"。

　　页面下半部分为表格区域，用于展示学习计划列表。在表单区域中添加并提交的信息会在表格区域中展示。学生可以在表格区域更改学习计划的完成状态为"已完成"或者"未完成"。

　　在表单区域中输入学习计划，学习科目为"JavaScript"，学习内容为"运算符"，学习地点为"图书馆"，单击"添加"按钮之后的页面效果如图 2-44 所示。

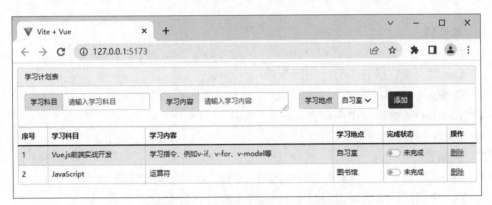

图2-44　单击"添加"按钮之后的页面效果

　　将学习计划 2 的完成状态更改为"已完成"的页面效果如图 2-45 所示。

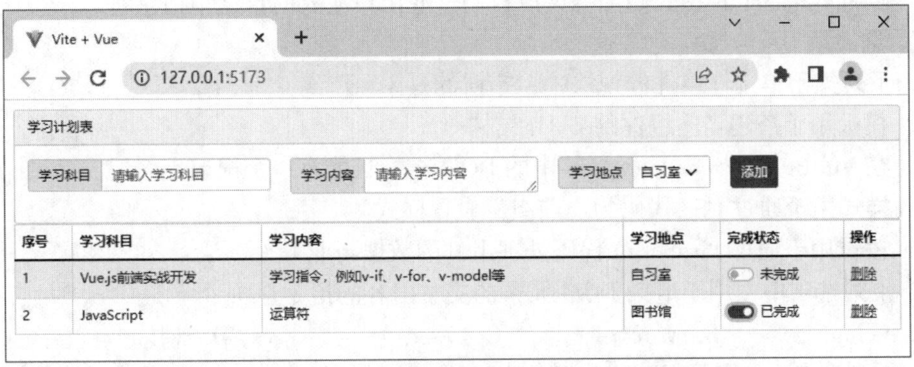

图2-45　将学习计划2的完成状态更改为"已完成"的页面效果

　　当学习计划处于"已完成"状态时，学生可以对学习计划进行删除操作，否则不能进行删除操作。例如，在图 2-45 所示的页面中，单击学习计划 1 列表项的"删除"操作，不能进行删除操作；单击学习计划 2 列表项的"删除"操作，可以进行删除操作。

　　通过对该阶段案例的学习，读者不仅可以提高自己的技术水平，还能够培养创新意识和合作精神，为开发实际项目打下坚实的基础。

　　说明：

　　为了方便读者练习，在本书的配套源代码中提供了项目代码和开发文档，开发文档中有详细的操作步骤和代码讲解，读者可以根据开发文档进行学习。

本章小结

本章主要讲解了 Vue 的基础知识，内容主要包括单文件组件、数据绑定、指令、事件对象、事件修饰符、计算属性、侦听器和样式绑定，最后运用本章所学知识完成"学习计划表"案例的开发。通过本章的学习，读者应掌握 Vue 的基本语法，能够使用 Vue 完成一些简单程序的编写。

课后习题

一、填空题

1. 在 Vue 中，每个单文件组件由＿＿＿＿、＿＿＿＿与逻辑三个部分构成。
2. Vue 中实现数据双向绑定的指令是＿＿＿＿。
3. 在 Vue 中，可以通过＿＿＿＿语法将数据输出到页面中。
4. reactive( )函数通常用来定义＿＿＿＿数据。
5. Vue 中属性绑定的指令是＿＿＿＿。

二、判断题

1. ref( )函数用于将响应式对象中的单个属性转换为响应式数据。（　　　）
2. Vue 中绑定样式类可以通过 v-bind 指令操作 style 属性来实现。（　　　）
3. toRef( )函数用于将普通数据转换成响应式数据。（　　　）
4. $event 是 Vue 提供的内置变量，使用它可以获取事件对象。（　　　）
5. 使用 v-model 的 .trim 修饰符可以自动过滤用户输入的首尾空白字符。（　　　）

三、选择题

1. 下列关于单文件组件的说法中，错误的是（　　　）。
A. 模板用于搭建当前组件的 DOM 结构
B. 在 Vue 3 中，<template>标签中的 DOM 结构只能有一个根节点
C. 样式用于通过 CSS 代码为当前组件设置样式
D. 逻辑用于通过 JavaScript 代码处理组件的数据与业务

2. 下列选项中，用于渲染 DOM 元素的文本内容的指令是（　　　）。
A. v-bind　　　　　B. v-text　　　　　C. v-on　　　　　D. v-for

3. 下列选项中，用于将响应式对象中的所有属性转换为响应式数据的函数是（　　　）。
A. ref( )　　　　　B. reactive( )　　　　　C. toRef( )　　　　　D. toRefs( )

4. 下列关于事件修饰符的说法中，错误的是（　　　）。
A. 使用 .prevent 修饰符可以阻止<a>标签的默认跳转行为
B. 使用 .stop 修饰符可以阻止默认事件行为
C. 使用 .capture 修饰符可以改变事件的默认执行顺序，从冒泡方式更改为捕获方式
D. 使用 .self 修饰符可以实现只有 DOM 元素本身才会触发事件

5. 下列关于 v-for 的说法中，错误的是（　　　）。
A. 使用 v-for 时，要指定 key 的值，key 的值不具有唯一性

B.　v-for 可以辅助开发者基于一个数组、对象、数字或字符串循环渲染一个列表

C.　v-for 会根据数组中元素的个数来决定循环次数

D.　v-for 会根据对象中属性的个数来决定循环次数

四、简答题

1.　请简述常见的事件修饰符。

2.　请简述 v-if 和 v-show 指令的区别。

五、操作题

请使用 v-for 完成水果列表的渲染，效果如图 2-46 所示。

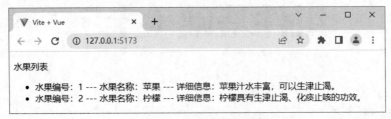

图2-46　水果列表渲染效果

第**3**章

组件基础（上）

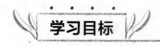
★ 熟悉选项式 API 和组合式 API，能够说出选项式 API 和组合式 API 的区别

★ 掌握生命周期函数的使用方法，能够灵活运用生命周期函数在特定时间执行特定的操作

★ 掌握注册组件的方法，能够运用全局注册或者局部注册的方式完成组件的注册

★ 掌握引用组件的方法，能够在 Vue 项目中以标签的形式引用组件

★ 掌握组件之间样式冲突问题的解决方法，能够运用<style>标签的 scoped 属性和深度选择器解决组件之间样式冲突的问题

★ 掌握父组件向子组件传递数据的方法，能够使用 props 实现数据传递

★ 掌握子组件向父组件传递数据的方法，能够使用自定义事件实现数据传递

★ 掌握跨级组件之间的传递数据的方法，能够使用依赖注入实现数据共享

在学习完第 2 章的基础知识后，读者应该已经可以编写一些简单的组件了，但是这样的组件功能比较简单，无法满足实际项目开发中各种复杂的需求。为了能够更灵活地使用组件，读者还需要更深入地学习组件的相关知识。本书将用第 3 章和第 4 章共两章的篇幅详细讲解组件基础，本章为上半部分内容。

3.1　选项式 API 和组合式 API

Vue 3 支持选项式 API 和组合式 API。其中，选项式 API 是从 Vue 2 开始使用的一种写法，而 Vue 3 新增了组合式 API 的写法。接下来对选项式 API 和组合式 API 分别进行介绍。

1. 选项式 API

选项式 API 是一种通过包含多个选项的对象来描述组件逻辑的 API，其常用的选项包括 data、methods、computed、watch 等。其中，data 用于定义数据，methods 用于定义方法，computed 用于定义计算属性，watch 用于定义侦听器。在组件的初始化阶段，Vue 内部会处理这些选项，把选项中定义的数据、方法、计算属性、侦听器等内容添加到组件实例上。当页面渲染完成后，通过 this 关键字可以访问组件实例。

选项式 API 的语法格式如下。

```
1  <script>
2  export default {
3    data() {
4      return {
5        // 定义数据
6      }
7    },
8    methods: {
9      // 定义方法
10   },
11   computed: {
12     // 定义计算属性
13   },
14   watch: {
15     // 定义侦听器
16   }
17 }
18 </script>
```

2. 组合式 API

相比于选项式 API，组合式 API 是将组件中的数据、方法、计算属性、侦听器等代码全部组合在一起，写在 setup( )函数中。组合式 API 的语法格式如下。

```
1  <script>
2  import { computed, watch } from 'vue'
3  export default {
4    setup() {
5      // 定义数据
6      const 数据名 = 数据值
7      // 定义方法
8      const 方法名 = () => {}
9      // 定义计算属性
10     const 计算属性名 = computed(() => {})
11     // 定义侦听器
12     watch(侦听器的来源，回调函数，可选参数)
13     return { 数据名，方法名，计算属性名 }
14   }
15 }
16 </script>
```

从上述语法格式可以看出，数据和方法可以直接在 setup( )函数中定义，计算属性通过 computed( )函数定义，侦听器通过 watch( )函数定义。setup( )函数需要返回一个对象，该对象中包含数据、方法和计算属性。

Vue 还提供了 setup 语法糖，用于简化组合式 API 的代码。使用 setup 语法糖时，组合式 API 的语法格式如下。

```
1  <script setup>
2  import { computed, watch } from 'vue'
3  // 定义数据
4  const 数据名 = 数据值
```

```
 5  // 定义方法
 6  const 方法名 = () => {}
 7  // 定义计算属性
 8  const 计算属性名 = computed(() => {})
 9  // 定义侦听器
10  watch(侦听器的来源，回调函数，可选参数)
11  </script>
```

　　Vue 提供的选项式 API 和组合式 API 这两种写法可以覆盖大部分的应用场景，它们是同一底层系统所提供的两套不同的接口。选项式 API 是在组合式 API 的基础上实现的。

　　企业在开发大型项目时，随着业务复杂度的增加，代码量会不断增加。如果使用选项式API，整个项目逻辑不易阅读和理解，而且查找对应功能的代码会存在一定难度。如果使用组合式API，可以将项目的每个功能的数据、方法放到一起，这样不管项目的大小，都可以快速定位到功能区域的相关代码，便于阅读和维护。同时，组合式 API 可以通过函数来实现高效的逻辑复用，这种形式更加自由，需要开发者有较强的代码组织能力和拆分逻辑能力。

　　接下来通过实际操作演示选项式 API 和组合式 API 的使用方法，具体步骤如下。

　　① 打开命令提示符，切换到D:\vue\chapter03目录，在该目录下执行如下命令，创建项目。

```
yarn create vite component_basis --template vue
```

项目创建完成后，执行如下命令进入项目目录，启动项目。

```
cd component_basis
yarn
yarn dev
```

项目启动后，可以使用 URL 地址 http://127.0.0.1:5173/进行访问。

　　② 使用 VS Code 编辑器打开 D:\vue\chapter03\component_basis 目录。

　　③ 将 src\style.css 文件中的样式代码全部删除，从而避免项目创建时自带的样式代码影响本案例的实现效果。

　　④ 创建 src\components\OptionsAPI.vue 文件，用于演示选项式 API 的写法，在该文件中实现单击 "+1" 按钮使数字加 1 的效果，具体代码如下。

```
 1  <template>
 2    <div>数字：{{ number }}</div>
 3    <button @click="addNumber">+1</button>
 4  </template>
 5  <script>
 6  export default {
 7    data() {
 8      return {
 9        number: 1
10      }
11    },
12    methods: {
13      addNumber() {
14        this.number++
15      }
16    }
17  }
```

```
18 </script>
```

在上述代码中，第 2 行代码用于输出 number 数据；第 3 行代码定义了"+1"按钮，绑定单击事件，单击"+1"按钮时触发 addNumber( )方法；第 7 ~ 11 行代码定义了页面所需数据 number；第 13 ~ 15 行代码定义了 addNumber( )方法，用于实现单击按钮时将 number 的值加 1。

⑤ 修改 src\main.js 文件，切换页面中显示的组件，具体代码如下。

```
import App from './components/OptionsAPI.vue'
```

保存上述代码后，在浏览器中访问 http://127.0.0.1:5173/，通过选项式 API 实现的初始页面效果如图 3-1 所示。

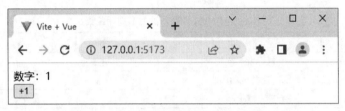

图3-1 通过选项式API实现的初始页面效果

单击"+1"按钮后的页面效果如图 3-2 所示。

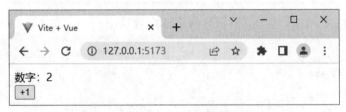

图3-2 单击"+1"按钮后的页面效果

从图 3-2 可以看出，单击"+1"按钮后，数字变为 2，说明通过选项式 API 的写法实现数字加 1 的效果成功。

⑥ 创建 src\components\CompositionAPI.vue 文件，用于演示组合式 API 的写法，在该文件中实现单击"+1"按钮使数字加 1 的效果，具体代码如下。

```
1  <template>
2    <div>数字：{{ number }}</div>
3    <button @click="addNumber">+1</button>
4  </template>
5  <script setup>
6  import { ref } from 'vue'
7  let number = ref(1)
8  const addNumber = () => {
9    number.value ++
10 }
11 </script>
```

在上述代码中，第 7 行代码定义了响应式数据 number；第 8 ~ 10 行代码定义了 addNumber( )方法，该方法实现了将 number 的值加 1。

⑦ 修改 src\main.js 文件，切换页面中显示的组件，具体代码如下。

```
import App from './components/CompositionAPI.vue'
```

保存上述代码后，在浏览器中访问 http://127.0.0.1:5173/，初始页面效果与图 3-1 相同，单击 "+1" 按钮后的页面效果与图 3-2 相同。

3.2　生命周期函数

在 Vue 中，组件的生命周期是指每个组件从被创建到被销毁的整个过程，每个组件都有生命周期。如果想要在某个特定的时机进行特定的处理，可以通过生命周期函数来完成。

随着组件生命周期的变化，生命周期函数会自动执行。组合式 API 下的生命周期函数如表 3-1 所示。

表 3-1　组合式 API 下的生命周期函数

函数	说明
onBeforeMount( )	组件挂载前
onMounted( )	组件挂载成功后
onBeforeUpdate( )	组件更新前
onUpdated( )	组件中的任意的 DOM 元素更新后
onBeforeUnmount( )	组件实例被销毁前
onUnmounted( )	组件实例被销毁后

下面以 onMounted( )函数为例演示生命周期函数的使用，示例代码如下。

```
1 <script setup>
2 import { onMounted } from 'vue'
3 onMounted(() => {
4   // 执行操作
5 })
6 </script>
```

在上述代码中，第 2 行代码用于导入 onMounted( )函数；第 3～5 行代码用于调用 onMounted( )函数，该函数的参数是一个回调函数，表示在组件挂载完成后执行的回调函数。

为了使读者更好地理解生命周期函数，接下来通过实际操作的方式演示生命周期函数的使用方法，具体步骤如下。

① 创建 src\components\LifecycleHooks.vue 文件，用于通过生命周期函数查看在特定时间点下的 DOM 元素，具体代码如下。

```
1 <template>
2   <div class="container">container</div>
3 </template>
4 <script setup>
5 import { onBeforeMount, onMounted } from 'vue'
6 onBeforeMount(() => {
7   console.log('DOM 元素渲染前', document.querySelector('.container'))
8 })
9 onMounted(() => {
10   console.log('DOM 元素渲染后', document.querySelector('.container'))
11 })
12 </script>
```

在上述代码中，第 7 行和第 10 行代码用于在控制台中输出渲染前和渲染后的 DOM 元素。

② 修改 src\main.js 文件，切换页面中显示的组件，具体代码如下。

```
import App from './components/LifecycleHooks.vue'
```

保存上述代码后，在浏览器中访问 http://127.0.0.1:5173/并打开控制台，使用生命周期函数的页面效果和控制台如图 3-3 所示。

图3-3　使用生命周期函数的页面效果和控制台

从图 3-3 可以看出，DOM 元素渲染前，DOM 元素的获取结果为 null；DOM 元素渲染后，成功获取到了 div 元素。

多学一招：选项式 API 下的生命周期函数

组合式 API 下的生命周期函数与选项式 API 下的生命周期函数不同。如果使用选项式 API，就需要使用选项式 API 下的生命周期函数。选项式 API 下的生命周期函数如表 3-2 所示。

表 3-2　选项式 API 下的生命周期函数

函数	说明
beforeCreate( )	实例对象创建前
created( )	实例对象创建后
beforeMount( )	页面挂载前
mounted( )	页面挂载成功后
beforeUpdate( )	组件更新前
updated( )	组件中的任意的 DOM 元素更新后
beforeDestroy( )	组件实例销毁前
destroyed( )	组件实例销毁后

接下来演示选项式 API 下 beforeCreate( )函数和 created( )函数的使用，具体代码如下。

```
1  <script>
2  export default {
3    data() {
4      return {
5        value: 'Hello Vue.js'
6      }
7    },
8    beforeCreate() {
9      console.log('实例对象创建前: ' + this.value)
10   },
11   created() {
```

```
12    console.log('实例对象创建后: ' + this.value)
13    }
14 }
15 </script>
```

上述代码运行后，控制台中会输出两条信息，分别是"实例对象创建前：undefined"和"实例对象创建后：Hello Vue.js"。

3.3 组件的注册和引用

在 Vue 中，开发者可以将页面中独立的、可重用的部分封装成组件，对组件的结构、样式和行为进行设置。组件是 Vue 的基本结构单元，组件之间可以相互引用。本节将围绕组件的注册和引用进行详细讲解。

3.3.1 注册组件

当在 Vue 项目中定义了一个新的组件后，要想在其他组件中引用这个新的组件，需要对新的组件进行注册。在注册组件的时候，需要给组件取一个名字，从而区分每个组件，可以采用帕斯卡命名法（PascalCase）为组件命名。

Vue 提供了两种注册组件的方式，分别是全局注册和局部注册。接下来对这两种注册组件的方式分别进行讲解。

1. 全局注册

在实际开发中，如果某个组件的使用频率很高，许多组件中都会引用该组件，则推荐将该组件全局注册。被全局注册的组件可以在当前 Vue 项目的任何一个组件内引用。

在 Vue 项目的 src\main.js 文件中，通过 Vue 应用实例的 component( )方法可以全局注册组件，该方法的语法格式如下。

```
component('组件名称', 需要被注册的组件)
```

上述语法格式中，component( )方法接收两个参数，第 1 个参数为组件名称，注册完成后即可全局使用该组件名称，第 2 个参数为需要被注册的组件。

例如，在 src\main.js 文件中注册一个全局组件 MyComponent，示例代码如下。

```
1  import { createApp } from 'vue';
2  import './style.css'
3  import App from './App.vue'
4  import MyComponent from './components/MyComponent.vue'
5  const app = createApp(App)
6  app.component('MyComponent', MyComponent)
7  app.mount('#app')
```

在上述代码中，第 4 行代码用于导入 MyComponent 组件；第 5 行代码用于创建 Vue 应用实例；第 6 行代码用于将 MyComponent 组件注册为全局组件。

component( )方法支持链式调用，可以连续注册多个组件，示例代码如下。

```
1  app.component('ComponentA', ComponentA)
2    .component('ComponentB', ComponentB)
3    .component('ComponentC', ComponentC)
```

2. 局部注册

在实际开发中，如果某些组件只在特定的情况下被用到，推荐进行局部注册。局部注册即在某个组件中注册，被局部注册的组件只能在当前注册范围内使用。例如，在组件 A 中注册了组件 B，则组件 B 只能在组件 A 中使用，不能在组件 C 中使用。

局部注册组件的示例代码如下。

```
1  <script>
2  import ComponentA from './ComponentA.vue'
3  export default {
4    components: { ComponentA: ComponentA }
5  }
6  </script>
```

在上述代码中，第 4 行代码用于将 ComponentA 组件局部注册到当前组件中。其中，冒号前面的 ComponentA 是局部注册的组件名称，冒号后面的 ComponentA 是组件本身。由于冒号前后代码相同，所以可以将{ ComponentA: ComponentA }简写为{ ComponentA }。

在使用 setup 语法糖时，导入的组件会被自动注册，无须手动注册，导入后可以直接在模板中使用，示例代码如下。

```
1  <script setup>
2  import ComponentA from './ComponentA.vue'
3  </script>
```

上述代码完成了 ComponentA 组件的导入和注册。

3.3.2　引用组件

将组件注册完成后，若要将组件在页面中渲染出来，需要引用组件。默认情况下，Vue 项目中有一个根组件，根组件可以引用其他组件，引用后会形成父子关系——根组件是父组件，被引用的组件是子组件。在子组件中也可以引用其他组件。

在组件的<template>标签中可以引用其他组件，被引用的组件需要写成标签的形式，标签名应与组件名对应。组件的标签名可以使用短横线分隔或帕斯卡命名法命名。例如，<my-component>标签和<MyComponent>标签都表示引用 MyComponent 组件。一个组件可以被引用多次，但不可出现自我引用和互相引用的情况，否则会出现死循环。

接下来通过实际操作的方式演示组件的使用方法，具体步骤如下。

① 创建 src\components\ComponentUse.vue 文件，具体代码如下。

```
1  <template>
2    <h5>父组件</h5>
3    <div class="box">
4    </div>
5  </template>
6  <style>
7  .box {
8    display: flex;
9  }
10 </style>
```

在上述代码中，第 3～4 行代码定义了 div 元素，该 div 元素将作为被引用组件的容器；第 7～9 行代码用于将 div 元素设置为弹性盒子。

② 修改 src\main.js 文件，切换页面中显示的组件，具体代码如下。

```
import App from './components/ComponentUse.vue'
```

③ 创建 src\components\GlobalComponent.vue 文件，表示全局组件，具体代码如下。

```
1  <template>
2    <div class="global-container">
3      <h5>全局组件</h5>
4    </div>
5  </template>
6  <style>
7  .global-container {
8    border: 1px solid black;
9    height: 50px;
10   flex: 1;
11 }
12 </style>
```

在上述代码中，第 1 ~ 5 行代码通过<template>标签定义 GlobalComponent 组件的模板；第 6 ~ 12 行代码通过<style>标签定义 GlobalComponent 组件的样式。

④ 创建 src\components\LocalComponent.vue 文件，表示局部组件，具体代码如下。

```
1  <template>
2    <div class="local-container">
3      <h5>局部组件</h5>
4    </div>
5  </template>
6  <style>
7  .local-container {
8    border: 1px dashed black;
9    height: 50px;
10   flex: 1;
11 }
12 </style>
```

在上述代码中，第 1 ~ 5 行代码通过<template>标签定义 LocalComponent 组件的模板；第 6 ~ 12 行代码通过<style>标签定义 LocalComponent 组件的样式。

⑤ 修改 src\main.js 文件，导入 GlobalComponent 组件并调用 component( )方法全局注册 GlobalComponent 组件，具体代码如下。

```
1  import { createApp } from 'vue'
2  import './style.css'
3  import App from './components/ComponentUse.vue'
4  import GlobalComponent from './components/GlobalComponent.vue'
5  const app = createApp(App)
6  app.component('GlobalComponent', GlobalComponent)
7  app.mount('#app')
```

在上述代码中，第 4 行代码通过 import 语法导入 GlobalComponent 组件；第 6 行代码通过调用 component( )方法全局注册 GlobalComponent 组件。

⑥ 修改 src\components\ComponentUse.vue 文件，添加代码导入 LocalComponent 组件，具体代码如下。

```
1  <script setup>
2  import LocalComponent from './LocalComponent.vue'
3  </script>
```

⑦ 修改 src\components\ComponentUse.vue 文件，在 class 为 box 的<div>标签中引用 GlobalComponent 组件和 LocalComponent 组件，具体代码如下。

```
1 <div class="box">
2   <GlobalComponent />
3   <LocalComponent />
4 </div>
```

在上述代码中，第 2 行和第 3 行代码分别在 ComponentUse 组件中以标签的形式引用了 GlobalComponent 组件和 LocalComponent 组件。

保存上述代码后，在浏览器中访问 http://127.0.0.1:5173/，引用组件后的页面效果如图 3-4 所示。

图3-4　引用组件后的页面效果

从图 3-4 可以看出，在 ComponentUse 组件中成功引用了 GlobalComponent 组件和 LocalComponent 组件，页面中显示了 GlobalComponent 组件和 LocalComponent 组件的内容。

3.4　解决组件之间的样式冲突

在默认情况下，写在 Vue 组件中的样式会全局生效，很容易造成多个组件之间的样式冲突问题。例如，为 ComponentUse 组件中的 h5 元素添加边框样式，具体代码如下。

```
1 h5 {
2   border: 1px dotted black;
3 }
```

保存上述代码后，在浏览器中访问 http://127.0.0.1:5173/，添加边框样式后的页面效果如图 3-5 所示。

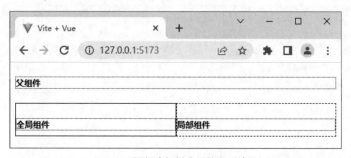

图3-5　添加边框样式后的页面效果

从图 3-5 可以看出，ComponentUse 组件、GlobalComponent 组件和 LocalComponent 组件中 h5 元素的边框样式都发生了改变，但是代码中只有 ComponentUse 组件设置了边框样式效果，说明组件之间存在样式冲突。

导致组件之间样式冲突的根本原因是：在单页 Web 应用中，所有组件的 DOM 结构都是基于唯一的 index.html 页面进行呈现的。每个组件中的样式都可以影响整个页面中的 DOM 元素。

在 Vue 中可以使用 scoped 属性和深度选择器来解决组件之间的样式冲突，下面分别进行讲解。

1. scoped 属性

Vue 为<style>标签提供了 scoped 属性，用于解决组件之间的样式冲突。为<style>标签添加 scoped 属性后，Vue 会自动为当前组件的 DOM 元素添加一个唯一的自定义属性（如 data-v-7ba5bd90），并在样式中为选择器添加自定义属性（如.list[data-v-7ba5bd90]），从而限制样式的作用范围，防止组件之间的样式冲突问题。

修改 ComponentUse 组件，为<style>标签添加 scoped 属性，具体代码如下。

```
<style scoped>
```

保存上述代码后，在浏览器中访问 http://127.0.0.1:5173/，在<style>标签中添加 scoped 属性的页面效果如图 3-6 所示。

图3-6　在<style>标签中添加scoped属性的页面效果

从图 3-6 可以看出，仅 ComponentUse 组件中的 h5 元素添加了边框样式，说明 scoped 属性可以解决样式冲突问题。

打开开发者工具，切换到 Elements 面板，查看父组件的 h5 元素的代码，如图 3-7 所示。

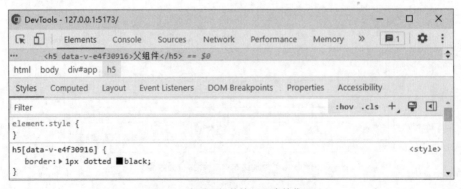

图3-7　查看父组件的h5元素的代码

从图 3-7 可以看出，当<style>标签添加 scoped 属性后，h5 元素和相应的选择器被 Vue 自动添加了 data-v-e4f30916 属性，从而解决了样式冲突的问题。

2. 深度选择器

如果给当前组件的<style>标签添加了 scoped 属性，则当前组件的样式对其子组件是不生效的。如果在添加了 scoped 属性后还需要让某些样式对子组件生效，则可以使用深度选择器来实现。深度选择器通过:deep( )伪类来实现，在其小括号中可以定义用于子组件的选择器，例如，":deep(.title)" 被编译之后生成选择器的格式为 "[data-v-7ba5bd90] .title"。

接下来通过实际操作的方式演示如何通过 ComponentUse 组件更改 LocalComponent 组件的样式，具体步骤如下。

① 为 LocalComponent 组件的 h5 元素添加 class 属性，具体代码如下。

```
<h5 class="title">局部组件</h5>
```

② 在 ComponentUse 组件中定义.title 的样式，具体代码如下。

```
1  :deep(.title){
2    border: 3px dotted black;
3  }
```

在上述代码中，通过添加:deep( )伪类实现了在父组件中更改子组件中的样式。

保存上述代码后，在浏览器中访问 http://127.0.0.1:5173/，添加深度选择器实现样式穿透的页面效果如图 3-8 所示。

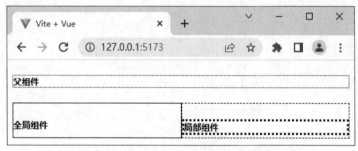

图3-8　添加深度选择器实现样式穿透的页面效果

打开开发者工具，切换到 Elements 面板，查看 LocalComponent 组件的 h5 元素的代码，页面效果如图 3-9 所示。

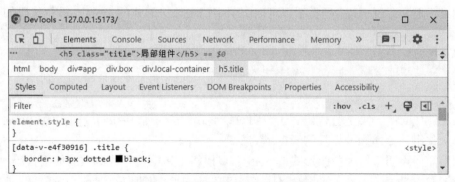

图3-9　查看局部组件的h5元素的代码

从图 3-8 和图 3-9 可以看出，LocalComponent 组件中 class 属性为 title 的 h5 元素样式发生了改变，具有了边框样式，同时选择器也变成了 "[data-v-e4f30916] .title"，说明:deep( )伪类可以实现在父组件中设置子组件的样式，实现了样式穿透的效果。

3.5　父组件向子组件传递数据

在实际开发中，有时会遇到同一模块中的多个子组件请求同一份数据的情况，如果在子组件中逐个进行网络请求，会造成代码冗余。Vue 提供了 props 语法，可以让父组件为子组件提供要展示的数据，即在父组件中请求该模块下所有子组件中的网络请求，然后通过 props 将数据传递给子组件。本节将对父组件向子组件传递数据进行详细讲解。

3.5.1　声明 props

若想实现父组件向子组件传递数据，需要先在子组件中声明 props，表示子组件可以从父组件中接收哪些数据。

在不使用 setup 语法糖的情况下，可以使用 props 选项声明 props。props 选项的形式可以是对象或字符串数组。声明对象形式的 props 的语法格式如下。

```
1  <script>
2  export default {
3    props: {
4      自定义属性 A：类型,
5      自定义属性 B：类型,
6      ……
7    }
8  }
9  </script>
```

在上述语法格式中，第 3 ~ 7 行代码用于声明 props。其中，"自定义属性 A" 和 "自定义属性 B" 是 props 中包含的两个 prop，它们的名称是开发人员自定义的，只要名称合法即可，通常使用驼峰命名法为 prop 命名。"类型" 是指该 prop 是什么类型的数据，可以设置为字符串、布尔值、对象、数组等类型。声明 props 后，通过 setup( ) 函数的第 1 个参数可以接收从父组件传递到子组件的 props 数据。

如果不需要限制 props 的类型，可以声明字符串数组形式的 props，示例代码如下。

```
props: ['自定义属性 A', '自定义属性 B'],
```

当使用 setup 语法糖时，可使用 defineProps( ) 函数声明 props，语法格式如下。

```
1  <script setup>
2  const props = defineProps({'自定义属性 A': 类型}, {'自定义属性 B': 类型})
3  </script>
```

在上述代码中，第 2 行代码用于声明对象形式的 props，defineProps( ) 函数的返回值可以接收从父组件传递到子组件的 props 数据。

如果需要声明字符串数组形式的 props，可以将上述第 2 行代码改为如下代码。

```
const props = defineProps(['自定义属性 A', '自定义属性 B'])
```

在组件中声明了 props 后，可以直接在模板中输出每个 prop 的值，语法格式如下。

```
1  <template>
2    {{ 自定义属性 A }}
3    {{ 自定义属性 B }}
4  </template>
```

3.5.2　静态绑定 props

当在父组件中引用了子组件后，如果子组件中声明了 props，则可以在父组件中向子组件传递数据。如果传递的数据是固定不变的，则可以通过静态绑定 props 的方式为子组件传递数据，其语法格式如下。

```
<子组件标签名 自定义属性 A="数据" 自定义属性 B="数据" />
```

在上述语法格式中，父组件向子组件的 props 传递了静态的数据，属性值默认为字符串类型。

需要注意的是，如果子组件中未声明 props，则父组件向子组件中传递的数据会被忽略，无法被子组件使用。

为了使读者能够更好地理解 props，接下来通过实际操作的方式演示父组件向子组件传递数据的方法，具体步骤如下。

① 创建 src\components\Count.vue 文件，用于展示子组件的相关内容，具体代码如下。

```
1  <template>
2    初始值为: {{ num }}
3  </template>
4  <script setup>
5  const props = defineProps({
6    num: String
7  })
8  </script>
```

在上述代码中，第 5 ~ 7 行代码在 props 中添加了 num 属性，表示可以从父组件中接收该属性，该属性表示数字的初始值。

② 创建 src\components\Props.vue 文件，用于展示父组件的相关内容，具体代码如下。

```
1  <template>
2    <Count num="1" />
3  </template>
4  <script setup>
5  import Count from './Count.vue'
6  </script>
```

在上述代码中，第 2 行代码在引用 Count 组件时为 num 属性传递属性值 1。

③ 修改 src\main.js 文件，切换页面中显示的组件，具体代码如下。

```
import App from './components/Props.vue'
```

保存上述代码后，在浏览器中访问 http://127.0.0.1:5173/，父组件向子组件中传递数据的页面效果如图 3-10 所示。

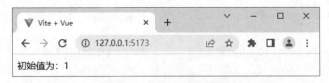

图3-10　父组件向子组件中传递数据的页面效果

从图 3-10 可以看出，页面中显示了"初始值为：1"，表示成功将数据从父组件传递给子组件。

3.5.3　动态绑定 props

在父组件中使用 v-bind 可以为子组件动态绑定 props，任意类型的值都可以传给子组件的 props，包括字符串、数字、布尔值、数组、对象等。

接下来以父组件向子组件中传递不同类型的 props 数据为例进行讲解。

1. 字符串

从父组件中为子组件传递字符串类型的 props 数据，示例代码如下。

```
1  <template>
2    <Child :init="username" />
3  </template>
4  <script setup>
5  import Child from './Child.vue'
6  import { ref } from 'vue'
7  const username = ref('小圆')
8  </script>
```

在上述代码中，init 属性是子组件中声明的 props；第 2 行代码通过 v-bind 绑定 init 属性；第 7 行代码定义了字符串类型的 username 数据，表示用户名。

上述代码用到了名称为 Child 的子组件，该子组件的示例代码如下。

```
1  <template></template>
2  <script setup>
3  const props = defineProps(['init'])
4  console.log(props)
5  </script>
```

上述代码用于将接收到的 props 数据输出到控制台，读者可以自行查看控制台的输出结果。

2. 数字

从父组件中为子组件传递数字类型的 props 数据，示例代码如下。

```
1  <template>
2    <Child :init="12" />
3    <Child :init="age" />
4  </template>
5  <script setup>
6  import Child from './Child.vue'
7  import { ref } from 'vue'
8  const age = ref(12)
9  </script>
```

在上述代码中，init 属性是子组件中声明的 props；第 2 行代码用于通过 v-bind 实现将 12 识别为表达式而不是字符串；第 3 行代码用于为 init 属性动态赋值；第 8 行代码定义了数字类型的 age 数据，表示年龄。

3. 布尔值

从父组件中为子组件传递布尔类型的 props 数据，示例代码如下。

```
1  <template>
2    <Child init />
3    <Child :init="false" />
4    <Child :init="isFlag" />
5  </template>
```

```
6 <script setup>
7 import Child from './Child.vue'
8 import { ref } from 'vue'
9 const isFlag = ref(true)
10 </script>
```

在上述代码中，init 属性是子组件中声明的 props；第 2 行代码表示将 init 设为 true，需要注意的是，需要在子组件中将 init 声明为布尔类型，才能获取到 true 值，否则获取结果为空字符串；第 3 行代码用于通过 v-bind 实现将 false 识别为表达式而不是字符串；第 4 行代码表示通过 isFlag 属性进行动态赋值；第 9 行代码定义了布尔类型的 isFlag 数据。

4. 数组

从父组件中为子组件传递数组类型的 props 数据，示例代码如下。

```
1 <template>
2   <Child :init="['唱歌', '跳舞', '滑冰']" />
3   <Child :init="hobby" />
4 </template>
5 <script setup>
6 import Child from './Child.vue'
7 import { ref } from 'vue'
8 const hobby = ref(['唱歌', '跳舞', '滑冰'])
9 </script>
```

在上述代码中，init 属性是子组件中声明的 props；第 2 行代码用于通过 v-bind 实现将数组识别为表达式而不是字符串；第 3 行代码表示为 init 属性进行动态赋值；第 7 行代码定义了 hobby 数组，表示爱好。

5. 对象

从父组件中为子组件传入对象类型的 props 数据，或者将对象中的部分属性作为被传入的 props 数据，示例代码如下。

```
1 <template>
2   <Child :init="{ height: '180 厘米', weight: '70 千克' }" />
3   <Child :height="bodyInfo.height" :weight="bodyInfo.weight" />
4   <Child v-bind="bodyInfo" />
5 </template>
6 <script setup>
7 import Child from './Child.vue'
8 import { reactive } from 'vue'
9 const bodyInfo = reactive({
10   height: '180 厘米',
11   weight: '70 千克'
12 })
13 </script>
```

在上述代码中，init、height 和 weight 属性是子组件中声明的 props，读者需要在子组件中自行添加 height 和 weight 这两个 props。第 2 行代码用于通过 v-bind 实现将对象识别为表达式而不是字符串；第 3 行代码表示通过 bodyInfo.height、bodyInfo.weight 进行动态赋值；第 4 行代码表示将一个对象的所有属性都作为 props 传入，该语法可以取代 v-bind:prop-name 形式的语法，即第 4 行代码相当于第 3 行代码的简化版；第 9~12 行代码定义了 bodyInfo 对象，表示身体信息，包括身高（height）和体重（weight）。

▊▊▊ 脚下留心：props 单向数据流

在 Vue 中，所有的 props 都遵循单向数据流原则，props 数据因父组件的更新而变化，变化后的数据将向下流向子组件，而且不会逆向传递，这样可以防止因子组件意外变更 props 导致数据流向难以理解的问题。

每次父组件绑定的 props 发生变更时，子组件中的 props 都将会刷新为最新的值。开发者不应该在子组件内部改变 props，如果这样做，Vue 会在浏览器的控制台中发出警告。

3.5.4　验证 props

在封装组件时，可以在子组件中对从父组件传递过来的 props 数据进行合法性校验，从而防止出现数据不合法的问题。

使用字符串数组形式的 props 的缺点是无法为每个 prop 指定具体的数据类型，而使用对象形式的 props 的优点是可以对每个 prop 进行数据类型的校验。

对象形式的 props 可以使用多种验证方案，包括基础类型检查、必填项的校验、属性默认值、自定义验证函数等。在声明 props 时，可以添加验证方案。

下面分别对 props 的多种数据验证方案进行讲解。

1．基础类型检查

在开发中，有时需要对从父组件中传递过来的 props 数据进行基础类型检查，这时可以通过 type 属性检查合法的类型，如果从父组件中传递过来的值不符合此类型，则会报错。常见的类型有 String（字符串）、Number（数字）、Boolean（布尔值）、Array（数组）、Object（对象）、Date（日期）、Function（函数）、Symbol（符号）以及任何自定义构造函数。

为 props 指定基础类型检查，示例代码如下。

```
 1 props: {
 2   自定义属性 A: String,          // 字符串
 3   自定义属性 B: Number,          // 数字
 4   自定义属性 C: Boolean,         // 布尔值
 5   自定义属性 D: Array,           // 数组
 6   自定义属性 E: Object,          // 对象
 7   自定义属性 F: Date,            // 日期
 8   自定义属性 G: Function,        // 函数
 9   自定义属性 H: Symbol,          // 符号
10 }
```

除了上述方式外，还可以通过配置对象的形式定义验证规则，示例代码如下。

```
 1 props: {
 2   自定义属性: { type: Number },
 3 }
```

在上述代码中，第 2 行代码通过添加 type 属性设置验证类型为数字。如果从父组件中传递过来的自定义属性为字符串类型，Vue 会在浏览器的控制台中发出警告。

如果某个 prop 的类型不唯一，可以通过数组的形式为其指定多个可能的类型，示例代码如下。

```
 1 props: {
 2   自定义属性: { type: [String, Array] },   // 字符串或数组
 3 }
```

在上述代码中，第 2 行代码通过添加 type 属性设置验证类型为字符串或数组。

2.　必填项的校验

父组件向子组件传递 props 数据时，有可能传递的数据为空，但是在子组件中要求该数据是必须传递的。此时，可以在声明 props 时通过 required 属性设置必填项，强调组件的使用者必须传递属性的值，示例代码如下。

```
1  props: {
2    自定义属性: { required: true },
3  }
```

在上述代码中，第 2 行代码通过添加 required 属性来设置必填项。如果组件使用者没有传递必填项的数据，Vue 会在浏览器的控制台中发出警告。

3.　属性默认值

在声明 props 时，可以通过 default 属性定义属性默认值，当父组件没有向子组件的属性传递数据时，属性将会使用默认值，示例代码如下。

```
1  props: {
2    自定义属性: { default: 0 },
3  }
```

在上述代码中，第 2 行代码通过添加 default 属性设置自定义属性的默认值为 0。

4.　自定义验证函数

如果需要对从父组件中传入的数据进行验证，可以通过 validator( )函数来实现。validator( )函数可以将 prop 的值作为唯一参数传入自定义验证函数，如果验证失败，则会在控制台中发出警告。为 prop 属性指定自定义验证函数的示例代码如下。

```
1  props: {
2    自定义属性: {
3      validator(value) {
4        return ['success', 'warning', 'danger'].indexOf(value) !== -1;
5      },
6    },
7  }
```

在上述代码中，第 3～5 行代码定义了 validator( )函数，在函数中，调用 indexOf( )方法获取数组中 value 元素的位置，如果数组中没有 value 元素，则返回−1。validator( )函数的返回值若为 true，表示验证通过，若为 false，表示验证失败。

3.6　子组件向父组件传递数据

在 Vue 中，如果子组件需要向父组件传递数据，可以通过自定义事件实现。在使用自定义事件时，需要在子组件中声明和触发自定义事件，在父组件中监听自定义事件。接下来对自定义事件的声明、触发和监听操作进行详细讲解。

3.6.1　在子组件中声明自定义事件

若想使用自定义事件，首先需要在子组件中声明自定义事件。在不使用 setup 语法糖时，可以通过 emits 选项声明自定义事件，示例代码如下。

```
1  <script>
2  export default {
```

```
3    emits: ['demo']
4  }
5  </script>
```

上述代码通过字符串数组的形式声明自定义事件，demo 为自定义事件的名称。

在使用 setup 语法糖时，需要通过调用 defineEmits( )函数声明自定义事件，示例代码如下。

```
1  <script setup>
2  const emit = defineEmits(['demo'])
3  </script>
```

在上述代码中，defineEmits( )函数的参数与 emits 选项中的相同。

3.6.2　在子组件中触发自定义事件

在子组件中声明自定义事件后，接着需要在子组件中触发自定义事件。当使用场景简单时，可以使用内联事件处理器，通过调用$emit( )方法触发自定义事件，将数据传递给使用的组件，示例代码如下。

```
<button @click="$emit('demo', 1)">按钮</button>
```

在上述代码中，$emit( )方法的第 1 个参数为字符串类型的自定义事件的名称，第 2 个参数为需要传递的数据，当触发当前组件的事件时，该数据会传递给父组件。

除了使用内联方式外，还可以直接定义方法来触发自定义事件。在不使用 setup 语法糖时，可以从 setup( )函数的第 2 个参数（即 setup 上下文对象）来访问到 emit( )方法，示例代码如下。

```
1  export default {
2    setup(props, ctx) {
3      const update = () => {
4        ctx.emit('demo', 2)
5      }
6      return { update }
7    }
8  }
```

在上述代码中，第 4 行代码通过调用 emit( )方法来触发组件的自定义事件 demo。

如果使用 setup 语法糖，可以调用 emit( )函数来实现，示例代码如下。

```
1  <script setup>
2  const update = () => {
3    emit('demo', 2)
4  }
5  </script>
```

3.6.3　在父组件中监听自定义事件

在父组件中通过 v-on 可以监听子组件中抛出的事件，示例代码如下。

```
<子组件名 @demo="fun" />
```

在上述代码中，当触发 demo 事件时，会接收到从子组件中传递的参数，同时会执行 fun( )方法。父组件可以通过 value 属性接收从子组件中传递来的参数。

在父组件中定义 fun( )方法，示例代码如下。

```
1  const fun = value => {
2    console.log(value)
3  }
```

在上述代码中，通过 value 属性接收从子组件中传递的数据，并在控制台中输出。

接下来通过实际操作的方式演示子组件向父组件传递数据的方法，具体步骤如下。

① 创建 src\components\CustomSubComponent.vue 文件，用于展示子组件的相关内容，具体代码如下。

```
1  <template>
2    <p>count 值为：{{ count }}</p>
3    <button @click="add">加 n</button>
4  </template>
5  <script setup>
6  import { ref } from 'vue'
7  const emit = defineEmits(['updateCount'])
8  const count = ref(1)
9  const add = () => {
10   count.value++
11   emit('updateCount', 2)
12 }
13 </script>
```

在上述代码中，第 2 行代码用于输出 count 值；第 3 行代码定义了按钮，用于实现单击按钮时触发 add()方法；第 6 行代码用于导入 ref()函数；第 7 行代码通过调用 defineEmits()函数声明自定义事件，自定义事件名称为 updateCount；第 8 行代码定义了响应式数据 count；第 9 ~ 12 行代码定义了 add()方法，用于实现 count 的值加 1，其中第 11 行代码通过调用 emit()方法来触发自定义事件，触发过程中传递参数值 2。

② 创建 src\components\CustomEvents.vue 文件，用于展示父组件的相关内容，具体代码如下。

```
1  <template>
2    <p>父组件当前的值为：{{ number }}</p>
3    <CustomSubComponent @updateCount="updateEmitCount" />
4  </template>
5  <script setup>
6  import CustomSubComponent from './CustomSubComponent.vue'
7  import { ref } from 'vue'
8  const number = ref(10)
9  const updateEmitCount = (value) => {
10   number.value += value
11 }
12 </script>
```

在上述代码中，第 2 行代码用于输出 number 的值；第 3 行代码为 CustomSubComponent 组件添加 updateCount 事件，当触发该事件时，执行 updateEmitCount()方法；第 7 行代码导入了 ref()函数；第 8 行代码定义了响应式数据 number；第 9 ~ 11 行代码定义了 updateEmitCount()方法，在触发 updateCount 事件时接收传递的参数，用于表示 number 数值的增加，value 参数为从 CustomSubComponent 组件中传递来的数据。

③ 修改 src\main.js 文件，切换页面中显示的组件，具体代码如下。

```
import App from './components/CustomEvents.vue'
```

保存上述代码后，在浏览器中访问 http://127.0.0.1:5173/，初始页面效果如图 3-11 所示。

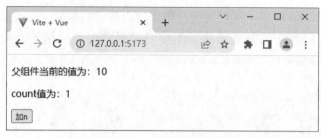

图3-11   初始页面效果

单击"加 n"按钮后的页面效果如图 3-12 所示。

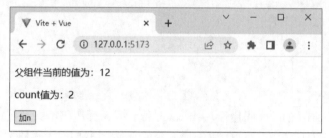

图3-12   单击"加n"按钮后的页面效果

从图 3-12 可以看出，单击"加 n"按钮后，成功将子组件中的数据传递给父组件。

3.7   跨级组件之间的数据传递

通过前面的学习可知，可以通过 props 实现父、子组件之间的数据传递。但是在实际的开发过程中会存在多层级嵌套的组件，形成了一颗巨大的组件树。当某个深层级的子组件需要较远的祖先组件中的部分数据时，如果仅仅使用 props 实现数据传递，必须沿着祖先组件逐级向下传递到对应的子组件中，这样会造成代码冗余，而且容易导致逻辑混乱。

Vue 提供了跨级组件之间数据传递的方式——依赖注入。一个父组件相对于其所有的后代组件而言，可作为依赖提供者。而任何后代的组件树，无论层级多深，都可以注入由父组件提供的依赖。

对于父组件而言，如果要为后代组件提供数据，需要使用 provide( )函数。对于子组件而言，如果想要注入上层组件或整个应用提供的数据，需要使用 inject( )函数。下面分别对 provide( )函数和 inject( )函数进行讲解。

1. provide()函数

provide( )函数可以提供一个值，用于被后代组件注入。provide( )函数的语法格式如下。

```
provide(注入名，注入值)
```

provide( )函数可以接收 2 个参数，第 1 个参数是注入名，后代组件会通过注入名查找所需的注入值；第 2 个参数是注入值，值可以是任意类型，包括响应式数据，例如通过 ref( )函数创建的数据。

在不使用 setup 语法糖的情况下，provide( )函数必须在组件的 setup( )函数中调用。使用 provide( )函数的示例代码如下。

```
1  <script>
2  import { ref, provide } from 'vue'
3  export default {
4    setup() {
5      const count = ref(1)
6      provide(
7        // 注入名
8        'message',
9        // 注入的值
10       count
11     )
12   }
13 }
14 </script>
```

当使用 setup 语法糖时，使用 provide( )函数的示例代码如下。

```
1  <script setup>
2  import { provide } from 'vue'
3  provide('message', 'Hello Vue.js')
4  </script>
```

provide( )函数除了可以在某个组件中提供依赖外，还可以提供全局依赖。例如，在 src\main.js 文件中添加全局依赖，示例代码如下。

```
1  const app = createApp(App)
2  app.provide('message', 'Hello Vue.js')
```

添加完之后，全局依赖可以在该 Vue 的任何组件中被使用。

2. inject()函数

通过 inject( )函数可以注入上层组件或者整个应用提供的数据。inject( )函数的语法格式如下。

```
inject(注入值, 默认值, 布尔值)
```

inject( )函数有 3 个参数。第 1 个参数是注入值，Vue 会遍历父组件，通过匹配注入的值来确定所提供的值，如果父组件链上多个组件为同一个数据提供了值，那么距离更近的组件将会覆盖更远的组件所提供的值。第 2 个参数是可选的，用于在没有匹配到注入的值时使用默认值。第 2 个参数可以是工厂函数，用于返回某些创建起来比较复杂的值。如果提供的默认值是函数，还需要将 false 作为第 3 个参数传入，表明这个函数就是默认值，而不是工厂函数。第 3 个参数是可选的，类型为布尔值，当参数值为 false 时，表示默认值是函数；当参数值为 true 时，表示默认值为工厂函数；当省略参数值时，表示默认值为其他类型的数据，不是函数或工厂函数。

在不使用 setup 语法糖的情况下，inject( )函数必须在组件的 setup( )函数中调用。使用 inject( )函数的示例代码如下。

```
1  <script>
2  import { inject } from 'vue';
3  export default {
4    setup() {
5      const count = inject('count')
6      // 注入一个值，若为空则使用提供的默认值
7      const foo = inject('foo', 'default value')
8      // 当没有匹配到注入的值时，默认值可以是工厂函数
9      const baz = inject('foo', () => new Map())
10     // 注入时为了表明提供的默认值是函数，需要传入第 3 个参数
```

```
11    const fn = inject('function', () => { }, false)
12  }
13 }
14 </script>
```

当使用 setup 语法糖时，使用 inject( )函数的示例代码如下。

```
1 <script setup>
2 import { inject } from 'vue';
3 const count = inject('count')
4 </script>
```

了解了 provide( )函数和 inject( )函数的用法后，接下来通过实际操作的方式演示跨级组件之间的数据传递，具体步骤如下。

① 创建 src\components\ProvideChildren.vue 文件，用于展示子组件中的相关内容，具体代码如下。

```
1 <template>
2    <div>子组件</div>
3 </template>
```

② 创建 src\components\ProvideParent.vue 文件，用于展示父组件中的相关内容，具体代码如下。

```
1 <template>
2    <div>父组件</div>
3    <hr>
4    <ProvideChildren />
5 </template>
6 <script setup>
7 import ProvideChildren from './ProvideChildren.vue'
8 </script>
```

在上述代码中，第 4 行代码以标签的形式使用 ProvideChildren 组件；第 7 行代码通过 import 语法将 ProvideChildren 组件导入 ProvideParent 组件。

③ 创建 src\components\ProvideGrand.vue 文件，用于展示父组件的父组件（即爷爷组件）中的相关内容，具体代码如下。

```
1 <template>
2    <div>爷爷组件</div>
3    <hr>
4    <ProvideParent />
5 </template>
6 <script setup>
7 import ProvideParent from './ProvideParent.vue'
8 import { ref, provide } from 'vue'
9 let money = ref(1000)
10 let updateMoney = (value) => {
11   money.value += value
12 }
13 provide('money', money)
14 provide('updateMoney', updateMoney)
15 </script>
```

在上述代码中，第 4 行代码以标签的形式使用 ProvideParent 组件；第 7 行代码通过 import 语法将 ProvideParent 组件导入 ProvideGrand 组件；第 8 行代码用于导入 ref( )和 provide( )函数，该组件中可以使用 ref( )函数创建响应式数据和使用 provide( )函数创建依赖；第 9 行代码定义了响应式数据 money；第 10～12 行代码定义了 updateMoney( )方法，调用该方法后可以实现根据所传入的值来增加 money；第 13 ~ 14 行代码通过 provide( )函数为后代组件提供了 money 数据和 updateMoney( )方法。

④ 修改 src\components\ProvideChildren.vue 文件，通过 inject( )函数接收爷爷组件中传过来的数据，具体代码如下。

```
1  <template>
2    <div>子组件</div>
3    <hr>
4    从爷爷组件接收到的资金：{{ money }}
5    <button @click="updateMoney(500)">单击按钮增加资金</button>
6  </template>
7  <script setup>
8  import { inject } from 'vue'
9  let money = inject('money')
10 let updateMoney = inject('updateMoney')
11 </script>
```

在上述代码中，第 4 行代码通过 Mustache 语法将 money 数据在页面上渲染出来；第 5 行代码定义了<button>标签，表示按钮，当单击该按钮时触发 updateMoney( )方法，并传递参数 500；第 8 行代码通过 import 语法导入 inject( )函数，用于注入由上层组件提供的数据；第 9 ~ 10 行代码调用 inject( )函数，注入 ProvideGrand 组件提供的数据和方法。

⑤ 修改 src\main.js 文件，切换页面中显示的组件，具体代码如下。

```
import App from './components/ProvideGrand.vue'
```

保存上述代码后，在浏览器中访问 http://127.0.0.1:5173/，初始页面效果如图 3-13 所示。

图3-13　初始页面效果

单击"单击按钮增加资金"按钮后的页面效果如图 3-14 所示。

图3-14　单击"单击按钮增加资金"按钮后的页面效果

单击按钮后，资金增加，说明子组件成功从爷爷组件中接收到数据和方法，通过 provide( )函数和 inject( )函数实现了跨级组件之间的数据传递。

在学习了跨级组件之间的数据传递后，我们体会到了数据共享的重要性。在日常生活中，我们也应该认识到团队合作可以促进相互学习和个人成长。在团队中，我们要分享经验、技能和知识，团结所有成员，携手实现团队目标。

3.8 阶段案例——待办事项

在日常生活中，人们通常倾向于对生活和工作进行提前规划，这样可以更合理地对时间进行划分，从而提高效率。本节将通过讲解待办事项案例，使读者巩固所学的 Vue 中组件的使用、数据共享等知识点。

"待办事项"案例的页面结构分为上、中、下 3 个部分，上半部分为输入区域，中间部分为列表区域，下半部分为任务状态区域。"待办事项"初始页面效果如图 3-15 所示。

图3-15 "待办事项"初始页面效果

"待办事项"案例需实现以下 5 个功能。

（1）新增任务

在文本框中输入内容后，在键盘上按"Enter"键，即可添加任务到待办列表中，添加"完成 Vue.js 第 2 章课后题"任务后的页面效果如图 3-16 所示。

图3-16 添加任务后的页面效果

（2）删除任务

当鼠标指针移入列表区域中"晨练"任务时，页面效果如图 3-17 所示。单击"晨练"任务右侧的✖按钮，即可删除该任务。

（3）切换任务状态

在本案例中，任务状态分为全部任务、待办任务、已办任务 3 种。单击待办任务前的复选框，即可将待办任务状态改为已完成，并将该任务添加到已办任务中。

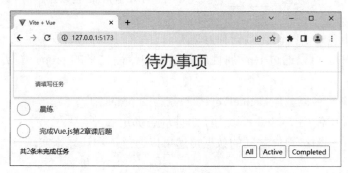

图3-17　鼠标指针移入列表区域中"晨练"任务时的页面效果

（4）展示任务数的条数

在任务状态区域左侧会展示任务的总条数。

（5）切换任务列表

单击任务状态区域的"All""Active""Completed"分别会切换到全部任务、待办任务、已办任务列表。默认情况下，任务状态区域会展示全部任务。

待办任务列表如图 3-18 所示。

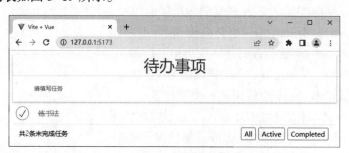

图3-18　待办任务列表

已办任务列表如图 3-19 所示。

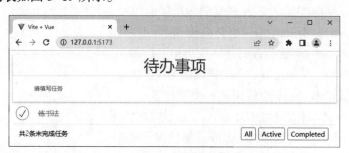

图3-19　已办任务列表

说明：

为了方便读者练习，在本书的配套源代码中提供了项目代码和开发文档，开发文档中有详细的操作步骤和代码讲解，读者可以根据开发文档进行学习。

本章小结

本章主要讲解了 Vue 中组件的基础知识，内容主要包括选项式 API 和组合式 API、生命周期函数、组件的注册和引用、解决组件之间的样式冲突、父组件向子组件传递数据、子组件向父组件传递数据和跨级组件之间的数据传递，最后通过"待办事项"案例的开发，对组件知识进行了综合运用。通过本章的学习，读者能够对 Vue 的组件有整体的认识，能够利用组件进行项目开发。

课后习题

一、填空题

1. 在使用选项式 API 时，可以通过_____选项来定义方法。

2. 组合式 API 下的_____函数在组件实例被销毁前执行。

3. 在 Vue 中，可以通过 Vue 应用实例的_____方法实现全局组件的注册。

4. 在组件的<template>标签中可以引用其他组件，被引用的组件需要写成_____的形式。

5. 在 Vue 中，可以通过_____实现子组件向父组件传递数据。

二、判断题

1. 当使用组合式 API 时，数据和方法可以直接在 setup( )函数中定义。（　　　）

2. 在 Vue 中，可以通过 type 属性对父组件中传递过来的 props 数据进行基础类型检查。（　　　）

3. 在 Vue 中，可以调用 defineProps( )函数声明 props。（　　　）

4. 在父组件中使用 v-bind 可以为子组件静态绑定 props。（　　　）

5. 在 Vue 中，跨级组件之间的数据传递可以通过依赖注入来实现。（　　　）

三、选择题

1. 下列选项中，关于组合式 API 下的生命周期函数说法错误的是（　　　）。

A. onBeforeMount( )函数会在组件挂载之前被调用

B. onMounted( )函数会在组件挂载完成后被调用

C. onUpdated( )函数会在组件更新前被调用

D. onUnmounted( )函数会在组件实例被销毁后调用

2. 下列选项中，关于 props 说法错误的是（　　　）。

A. 对象形式的 props 不能使用多种验证方案

B. 在声明 props 时通过添加 default 属性设置默认值

C. 在声明 props 时通过添加 required 属性设置必填项

D. 所有的 props 都遵循单项数据流原则

3. 下列选项中，关于跨组件之间数据传递说法错误的是（　　　）。

A. 跨组件之间之前的数据共享可以通过依赖注入的方式来实现

B. provide( )函数可以提供一个值，可以被后代组件所注入

C.　对子组件而言，如果想要注入上层组件提供的数据，则需要使用到 inject()函数

D.　provide()函数可以接收 2 个参数，第 1 个参数是要注入的值，第 2 个参数是注入名

4. 下列选项中，关于在使用 setup 语法糖时声明自定义事件的方式说法正确的是(　　)。

A.　emit( )　　　　　B.　defineProps( )　　C.　defineEmits( )　　　　D.　props 属性

5.　下列选项中，关于在使用组件时监听自定义事件的指令说法正确的是（　　）。

A.　v-on　　　　　　B.　v-bind　　　　　C.　v-model　　　　　　D.　v-for

四、简答题

1.　请简述组件之间的数据共享有哪几种方式。

2.　请简述如何解决组件之间的样式冲突。

五、操作题

请实现一个比较 2 个数字大小的页面，当输入 2 个数字后，单击"比较"按钮后自动比较这 2 个数字的大小，页面效果参考图 3-20。比较数字大小结果显示的页面效果参考图 3-21。

图3-20　比较2个数字大小的页面效果

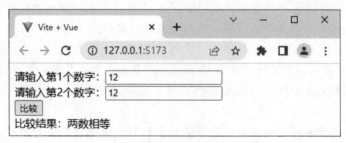

图3-21　比较数字大小结果显示的页面效果

第 **4** 章

组件基础（下）

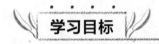

学习目标

- ★ 掌握动态组件的使用方法，能够实现动态组件的渲染
- ★ 掌握 KeepAlive 组件的使用方法，能够使用<KeepAlive>标签完成组件缓存
- ★ 掌握组件缓存相关的生命周期函数，能够在对应的生命周期函数中执行相应的动作
- ★ 熟悉 KeepAlive 组件的常用属性，能够说明各个属性的作用
- ★ 掌握什么是插槽，能够定义和使用插槽
- ★ 掌握具名插槽的使用方法，能够通过 name 属性定义具名插槽
- ★ 掌握作用域插槽的使用方法，能够在父组件中使用子组件中的数据
- ★ 了解什么是自定义指令，能够说出自定义指令的概念和分类
- ★ 掌握私有自定义指令的使用方法，能够独立完成私有自定义指令的声明和使用
- ★ 掌握全局自定义指令的使用方法，能够使用对象形式和函数形式来声明全局自定义指令
- ★ 掌握为自定义指令绑定参数的使用方法，能够通过等号（＝）的方式，为当前指令绑定参数
- ★ 掌握自定义指令的函数形式，能够使用函数形式简化自定义指令的声明
- ★ 掌握引用静态资源的方法，能够引用 public 和 src\assets 目录下的静态资源

通过第 3 章的学习，相信读者对组件的基础知识已经有了一定的了解。接下来，本章将继续对组件的基础知识进行讲解，主要包括动态组件、插槽、自定义指令和引用静态资源，学习这些内容，可以帮助读者更灵活地运用组件来开发 Vue 项目。

4.1 动态组件

"横看成岭侧成峰，远近高低各不同。"这句话告诉我们，在面对同一个问题时，应该从多个角度去思考，采用高效、科学的方法解决问题。在 Vue 中要实现组件之间的按需切换，虽然可以使用条件渲染指令来实现，但采用这种方式会使代码变得臃肿。因此，我们可以换个角度，采用动态组件的方式来解决，这样可以使代码变得更加简洁。

4.1.1　定义动态组件

利用动态组件可以动态切换页面中显示的组件。使用<component>标签可以定义动态组件，语法格式如下。

```
<component :is="要渲染的组件"></component>
```

在上述语法格式中，<component>标签必须配合 is 属性一起使用，is 属性的属性值表示要渲染的组件，当该属性值发生变化时，页面中渲染的组件也会发生变化。

is 属性的属性值可以是字符串或组件，当属性值为组件时，如果要实现组件的切换，需要调用 shallowRef( )函数定义响应式数据，将组件保存为响应式数据。shallowRef( )函数只处理对象最外层属性的响应，它比 ref( )函数更适合于将组件保存为响应式数据。

接下来通过实际操作的方式演示动态组件的使用方法，具体步骤如下。

① 打开命令提示符，切换到 D:\vue\chapter04 目录，在该目录下执行如下命令，创建项目。

```
yarn create vite component_foundation --template vue
```

② 项目创建完成后，执行如下命令进入项目目录，启动项目。

```
cd component_foundation
yarn
yarn dev
```

③ 使用 VS Code 编辑器打开 D:\vue\chapter04\component_foundation 目录。

④ 将 src\style.css 文件中的样式代码全部删除。

⑤ 创建 src\components\MyLeft.vue 文件，具体代码如下。

```
<template>MyLeft 组件</template>
```

⑥ 创建 src\components\MyRight.vue 文件，具体代码如下。

```
<template>MyRight 组件</template>
```

⑦ 创建 src\components\DynamicComponent.vue 文件，在该文件中导入并使用 MyLeft 和 MyRight 组件，实现单击按钮时动态切换组件的效果，具体代码如下。

```
1  <template>
2    <button @click="showComponent = MyLeft">展示 MyLeft 组件</button>
3    <button @click="showComponent = MyRight">展示 MyRight 组件</button>
4    <div>
5      <component :is="showComponent"></component>
6    </div>
7  </template>
8  <script setup >
9  import MyLeft from './MyLeft.vue'
10 import MyRight from './MyRight.vue'
11 import { shallowRef } from 'vue'
12 const showComponent = shallowRef(MyLeft)
13 </script>
```

在上述代码中，第 2 行代码定义了"展示 MyLeft 组件"按钮，并为按钮添加单击事件，在单击按钮时将 showComponent 设置为 MyLeft 组件；第 3 行代码定义了"展示 MyRight 组件"按钮，并为按钮添加单击事件，在单击按钮时将 showComponent 设置为 MyRight 组件；第 5 行代码定义了<component>标签，用于渲染动态组件，通过绑定 is 属性决定哪个组件被渲染；第 11 行代码导入了 shallowRef( )函数；第 12 行代码定义了响应式数据 showComponent。

⑧ 修改 src\main.js，切换页面中显示的组件，具体代码如下。

```
import App from './components/DynamicComponent.vue'
```

保存上述代码后，在浏览器中访问 http://127.0.0.1:5173/，动态组件渲染后的页面效果如图 4-1 所示。

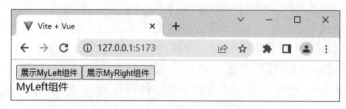

图4-1　动态组件渲染后的页面效果

单击"展示 MyRight 组件"按钮后的页面效果如图 4-2 所示。

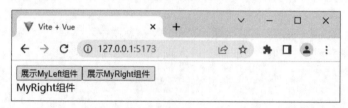

图4-2　单击"展示MyRight组件"按钮后的页面效果

从图 4-1 和图 4-2 可以看出，通过单击按钮可以切换页面中显示的组件，说明实现了动态组件的效果。

4.1.2　利用 KeepAlive 组件实现组件缓存

使用动态组件实现组件之间的按需切换时，隐藏的组件会被销毁，展示出来的组件会被重新创建。因此，当一个组件被销毁后又重新创建时，组件无法保持销毁前的状态。

如果在多个组件之间进行动态切换时想要保持这些组件的状态，以及避免重复渲染导致的性能问题，可以通过组件缓存来实现。组件缓存可以使组件创建一次后，不会被销毁。在 Vue 中可以通过 KeepAlive 组件来实现组件缓存。

KeepAlive 组件可通过<KeepAlive>标签来定义，定义时使用<KeepAlive>标签包裹需要被缓存的组件。<KeepAlive>标签的语法格式如下。

```
1  <KeepAlive>
2    被缓存的组件
3  </KeepAlive>
```

接下来通过实际操作的方式演示 KeepAlive 组件的使用，具体步骤如下。

① 编写 src\components\MyLeft.vue 文件，这一步先不使用 KeepAlive 组件，观察动态组件被销毁的过程，具体代码如下。

```
1  <template>
2    MyLeft 组件
3    <div>
4      count 值为：{{ count }}
5      <button @click="count++">+1</button>
6    </div>
7  </template>
```

```
8  <script setup>
9  import { ref, onMounted, onUnmounted } from 'vue'
10 const count = ref(0)
11 onMounted(() => {
12   console.log('MyLeft 组件被挂载了')
13 })
14 onUnmounted(() => {
15   console.log('MyLeft 组件被销毁了')
16 })
17 </script>
```

在上述代码中，第 4 行代码用于输出 count 数据；第 5 行代码定义了 "+1" 按钮，并为该按钮添加单击事件，在单击该按钮时将 count 的值加 1；第 9 行代码导入了 ref( )、onMounted( )、onUnmounted( ) 函数；第 10 行代码定义了响应式数据 count，初始值为 0；第 11 ~ 16 行代码定义了 onMounted( ) 和 onUnmounted( ) 生命周期函数，用于实现在 MyLeft 组件被挂载时和 MyLeft 组件被销毁时在控制台中输出提示信息。

保存上述代码后，在浏览器中访问 http://127.0.0.1:5173/，单击 "+1" 按钮后的页面效果和控制台如图 4-3 所示。

图4-3　单击 "+1" 按钮后的页面效果和控制台

从图 4-3 可以看出，页面中 count 的值显示为 1，并且控制台中输出了 "MyLeft 组件被挂载了"。

单击 "展示 MyRight 组件" 按钮后的页面效果和控制台如图 4-4 所示。

图4-4　单击 "展示MyRight组件" 按钮后的页面效果和控制台（1）

从图 4-4 可以看出，控制台中输出了 "MyLeft 组件被销毁了"，这说明在切换动态组件时，隐藏的组件会被销毁。

再次单击 "展示 MyLeft 组件" 按钮后，页面效果和控制台如图 4-5 所示。

从图 4-5 可以看出，count 值被重置为 0，并且控制台输出了 "MyLeft 组件被挂载了"，这说明在动态组件切换的过程中，MyLeft 组件经历了先销毁后重新创建的过程。

图4-5 再次单击"展示MyLeft组件"按钮后的页面效果和控制台

② 修改 src\components\DynamicComponent.vue 文件，添加<KeepAlive>标签将实现组件缓存，具体代码如下。

```
1  <div>
2    <KeepAlive>
3      <component :is="showComponent"></component>
4    </KeepAlive>
5  </div>
```

保存上述代码后，在浏览器中访问 http://127.0.0.1:5173/，单击"+1"按钮后的页面效果与图4-3相同。

单击"展示 MyRight 组件"按钮后的页面效果和控制台如图4-6所示。

图4-6 单击"展示MyRight组件"按钮后的页面效果和控制台（2）

从图4-6可以看出，控制台中没有输出"MyLeft 组件被销毁了"的信息，说明此时 MyLeft 组件已经被缓存了。

再次单击"展示 MyLeft 组件"按钮，页面效果与图4-3所示的效果相同，说明通过添加<KeepAlive>标签可以实现组件缓存。

4.1.3 组件缓存相关的生命周期函数

在 Vue 开发中，有时需要在组件被激活或者被缓存时执行某些操作。为此，Vue 提供了组件缓存相关的生命周期函数，可以监听组件被激活和组件被缓存的事件。

当组件被激活时，会触发组件的 onActivated( )生命周期函数；当组件被缓存时，会触发组件的 onDeactivated( )生命周期函数。这两个生命周期函数的语法格式如下。

```
// onActivated()生命周期函数
onActivated(() => { })
// onDeactivated()生命周期函数
onDeactivated(() => { })
```

接下来通过实际操作的方式演示缓存相关的生命周期函数的使用，具体步骤如下。

① 修改 src\components\MyLeft.vue 文件，在<script>标签中定义 onActivated( )和 onDeactivated( )生命周期函数，具体代码如下。

```
1 <script setup>
2 import { ref, onMounted, onUnmounted, onActivated, onDeactivated } from 'vue'
3 onActivated(() => {
4   console.log('MyLeft 组件被激活了')
5 })
6 onDeactivated(() => {
7   console.log('MyLeft 组件被缓存了')
8 })
9 </script>
```

在上述代码中，第 2～8 行代码定义了 onActivated( )和 onDeactivated( )生命周期函数，分别在控制台中输出了不同的提示信息。

② 修改 src\components\MyRight.vue 文件，在<script>标签中定义 onActivated( )和 onDeactivated( )生命周期函数，具体代码如下。

```
1 <script setup>
2 import { onActivated, onDeactivated } from 'vue'
3 onActivated(() => {
4   console.log('MyRight 组件被激活了')
5 })
6 onDeactivated(() => {
7   console.log('MyRight 组件被缓存了')
8 })
9 </script>
```

保存上述代码后，在浏览器中访问 http://127.0.0.1:5173/，初始页面效果和控制台如图 4-7 所示。

图4-7　初始页面效果和控制台

从图 4-7 可以看出，控制台中输出了 MyLeft 组件被挂载和被激活的信息，说明当 MyLeft 组件第一次被挂载完成的时候，会执行 MyLeft 组件的 onMounted( )和 onActivated( )函数。

单击"展示 MyRight 组件"按钮后的页面效果和控制台如图 4-8 所示。

图4-8　单击"展示MyRight组件"按钮后的页面效果和控制台（3）

　　从图 4-8 可以看出，控制台中输出了新的信息 "MyLeft 组件被缓存了" 和 "MyRight 组件被激活了"，说明 MyLeft 组件的 onDeactivated( )函数和 MyRight 组件的 onActivated( )函数执行了。

　　单击 "展示 MyLeft 组件" 按钮后的页面效果和控制台如图 4-9 所示。

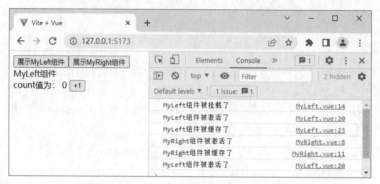

图4-9　单击"展示MyLeft组件"按钮后的页面效果和控制台（1）

　　从图 4-9 可以看出，控制台中输出了新的信息 "MyRight 组件被缓存了" 和 "MyLeft 组件被激活了"，说明 MyRight 组件的 onDeactivated( )函数和 MyLeft 组件的 onActivated( )函数执行了。

4.1.4　KeepAlive 组件的常用属性

　　在默认情况下，所有被<KeepAlive>标签包裹的组件都会被缓存。如果想要实现特定组件被缓存或者特定组件不被缓存的效果，可以通过 KeepAlive 组件的常用属性 include、exclude 属性来实现。接下来对 KeepAlive 组件的常用属性进行讲解。KeepAlive 组件的常用属性如表 4-1 所示。

表 4-1　KeepAlive 组件的常用属性

属性	类型	说明
include	字符串或正则表达式	只有名称匹配的组件会被缓存
exclude	字符串或正则表达式	名称匹配的组件不会被缓存
max	数字	最多可以缓存的组件实例个数

　　在<KeepAlive>标签中使用 include 属性和 exclude 属性时，多个组件名之间使用英文逗号分隔，以 include 属性为例，语法格式如下。

```
<KeepAlive include="组件名 1, 组件名 2">
    被缓存的组件
</KeepAlive>
```

　　在上述语法格式中，组件名默认为组件注册时的名称，KeepAlive 组件通过组件名实现对应组件的缓存功能。

　　需要注意的是，在使用 KeepAlive 组件对名称匹配的组件进行缓存时，它会根据组件的 name 选项进行匹配。如果没有使用 setup 语法糖，必须手动声明 name 选项；如果使用了 setup 语法糖，Vue 会根据文件名自动生成 name 选项，无须手动声明 name 选项。例如，在 MyLeft.vue 文件中使用 setup 语法糖时，自动生成的组件名为 MyLeft。

在非 setup 语法糖的<script>标签中定义 name 选项的示例代码如下。

```
1 <script>
2 export default {
3   name: 'MyComponent'
4 }
5 </script>
```

接下来通过实际操作的方式演示 KeepAlive 组件的 include 属性的使用方法，其余属性读者可以自行尝试。

修改 src\components\DynamicComponent.vue 组件中的代码，实现只缓存 MyLeft 组件，具体代码如下。

```
1 <KeepAlive include="MyLeft">
2   <component :is="showComponent"></component>
3 </KeepAlive>
```

在上述代码中，第 1 行代码通过添加 include 属性使得只有组件名为 "MyLeft" 的组件可以被缓存。

保存上述代码后，在浏览器中访问 http://127.0.0.1:5173/，初始页面效果与图 4-7 相同。

单击 "展示 MyRight 组件" 按钮后的页面效果和控制台如图 4-10 所示。

图4-10　单击 "展示MyRight组件" 按钮后的页面效果和控制台（4）

从图 4-10 可以看出，MyLeft 组件中的 onActivated( )函数、onDeactivated( )函数执行了，说明 MyLeft 组件被缓存。

单击 "展示 MyLeft 组件" 按钮后的页面效果和控制台如图 4-11 所示。

图4-11　单击 "展示MyLeft组件" 按钮后的页面效果和控制台（2）

从图 4-11 可以看出，MyRight 组件中的 onActivated( )函数、onDeactivated( )函数没有执行，说明 MyRight 组件没有被缓存。

4.2 插槽

在 HTML 中，开发者可以在双标签内添加一些信息。而在 Vue 中，组件以标签的形式引用，那么如何在组件的标签内添加一些信息并将信息渲染到页面中呢？其实，Vue 提供了插槽，专门用来实现这样的效果。本节将围绕插槽进行详细讲解。

4.2.1 什么是插槽

Vue 为组件的封装者提供了插槽（slot），插槽是指开发者在封装组件时不确定的、希望由组件的使用者指定的部分。也就是说，插槽是组件封装期间为组件的使用者预留的占位符，允许组件的使用者在组件内展示特定的内容。通过插槽，可以使组件更灵活、更具有可复用性。

插槽需要定义后才能使用，下面对定义插槽和使用插槽分别进行讲解。

1. 定义插槽

在封装组件时，可以通过<slot>标签定义插槽，从而在组件中预留占位符。假设项目中有一个 MyButton 组件，在 MyButton 组件中定义插槽的示例代码如下。

```
1  <template>
2   <button>
3    <slot></slot>
4   </button>
5  </template>
```

在上述代码中，第 3 行代码通过<slot>标签定义了一个插槽，父组件提供的插槽内容将在该标签所在的位置被渲染。MyButton 组件仅负责渲染<slot>标签外部的 DOM 元素以及相应的样式。

在<slot>标签内可以添加一些内容作为插槽的默认内容。如果组件的使用者没有为插槽提供任何内容，则默认内容生效；如果组件的使用者为插槽提供了插槽内容，则该插槽内容会取代默认内容。

另外，如果一个组件没有预留任何插槽，则组件的使用者提供的任何插槽内容都会不起作用。

2. 使用插槽

使用插槽即在父组件中使用子组件的插槽，在使用时需要将子组件写成双标签的形式，在双标签内提供插槽内容。例如，使用 MyButton 组件的插槽的示例代码如下。

```
1  <template>
2   <MyButton>
3     按钮
4   </MyButton>
5  </template>
```

在上述代码中，第 2~4 行代码将 MyButton 组件写成了双标签的形式，开始标签和结束标签之间的内容就是插槽内容。

因为插槽内容是在父组件模板中定义的，所以在插槽内容中可以访问到父组件的数据。插槽内容可以是任意合法的模板内容，不局限于文本。例如，可以使用多个元素或者组件作为插槽内容，示例代码如下。

```
1 <MyButton>
2   <span style="color: yellow;">按钮</span>
3   <MyLeft />
4 </MyButton>
```

在上述代码中，第 2 行代码定义了 span 元素用于展示文字信息；第 3 行代码用于展示 MyLeft 组件中的内容。

接下来通过实际操作的方式演示插槽的使用方法，具体步骤如下。

① 创建 src\components\SlotSubComponent.vue 文件，用于展示子组件的相关内容，具体代码如下。

```
1 <template>
2   <div>测试插槽的组件</div>
3   <slot></slot>
4 </template>
```

在上述代码中，第 3 行代码用于定义一个插槽。

② 创建 src\components\MySlot.vue 文件，用于展示插槽的相关内容，具体代码如下。

```
1 <template>
2   父组件-----{{ message }}
3   <hr>
4   <SlotSubComponent>
5     <p>{{ message }}</p>
6   </SlotSubComponent>
7 </template>
8 <script setup>
9 import SlotSubComponent from './SlotSubComponent.vue'
10 const message = '这是组件的使用者自定义的内容'
11 </script>
```

在上述代码中，第 2 行代码用于输出 message 的值；第 4～6 行代码用于以标签的形式引用 SlotSubComponent 组件；第 5 行代码将 message 的值作为插槽内容传递给 SlotSubComponent 组件；第 9 行代码用于通过 import 语法将 SlotSubComponent 组件导入 MySlot 组件；第 10 行代码用于定义 message 数据。

③ 修改 src\main.js，切换页面中显示的组件，示例代码如下。

```
import App from './components/MySlot.vue'
```

保存上述代码后，在浏览器中访问 http://127.0.0.1:5173/，使用插槽后的页面效果如图 4–12 所示。

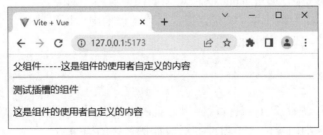

图4–12　使用插槽后的页面效果

从图 4–12 可以看出，将组件的使用者自定义的内容在页面中成功渲染出来了。

接下来演示插槽的默认内容，实现当组件的使用者没有自定义内容时默认内容生效的效果，具体步骤如下。

① 注释 MySlot 组件中插槽内容，具体代码如下。

```
<!-- <p>{{ message }}</p> -->
```

② 在 SlotSubComponent 组件中为<slot>标签提供默认内容，具体代码如下。

```
1  <slot>
2   <p>这是默认内容</p>
3  </slot>
```

在上述代码中，第 2 行代码为新增代码，模拟组件的使用者没有自定义内容时显示<slot>标签中的内容。

保存上述代码后，插槽提供默认内容的页面效果如图 4-13 所示。

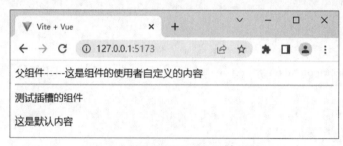

图4-13　插槽提供默认内容的页面效果

从图 4-13 可以看出，由于组件的使用者没有自定义内容，所以在封装组件时为插槽提供的默认内容在页面中显示出来。

将 MySlot 组件中的插槽内容取消注释，保存代码后，页面效果与图 4-12 相同。说明当组件的使用者自定义内容时，插槽中定义的默认内容不生效。

4.2.2　具名插槽

在 Vue 中当需要定义多个插槽时，可以通过具名插槽来区分不同的插槽。具名插槽是给每一个插槽定义一个名称，这样就可以在对应名称的插槽中提供对应的数据了。

插槽通过<slot>标签来定义，<slot>标签有一个 name 属性，用于给各个插槽分配唯一的名称，以确定每一处要渲染的内容。添加 name 属性的<slot>标签可用来定义具名插槽。

定义具名插槽的语法格式如下。

```
<slot name="插槽名称"></slot>
```

在上述语法格式中，通过 name 属性定义了插槽名称。

在父组件中，如果要把内容填充到指定名称的插槽中，可以通过一个包含 v-slot 指令的<template>标签来实现，语法格式如下。

```
1  <组件名>
2   <template v-slot:插槽名称></template>
3  </组件名>
```

在上述语法格式中，第 1～3 行代码以标签的形式引用子组件，其中第 2 行代码用于将<template>标签包裹的内容传入子组件的对应插槽名称的插槽中。

与 v-on 和 v-bind 类似，v-slot 也有简写形式，即把 v-slot:替换为#。例如，v-slot:title 可以简写为#title。

接下来通过实际操作的方式演示具名插槽的使用，具体步骤如下。

① 创建 src\components\ArticleInfo.vue 文件，用于展示文章内容模板，具体代码如下。

```
1  <template>
2    <div class="article-container">
3      <div class="header-box">
4        <slot name="header"></slot>
5      </div>
6      <div class="content-box">
7        <slot name="content"></slot>
8      </div>
9      <div class="footer-box">
10       <slot name="footer"></slot>
11     </div>
12   </div>
13 </template>
14 <style>
15 .article-container > div {
16   border: 1px solid black;
17 }
18 </style>
```

在上述代码中，第 1~13 行代码定义了模板，其中，第 4、7、10 行代码通过<slot>标签定义了插槽，并为<slot>标签添加了 name 属性，用于为每个插槽指定具体的名称，名称分别为 header、content、footer；第 15~17 行代码设置了<div>标签的样式，设置了 1px 的黑色实线边框。

② 创建 src\components\MyArticle.vue 文件，用于提供文章数据，在 MyArticle 组件中导入并使用 ArticleInfo 组件，并在<ArticleInfo>标签中为不同插槽添加不同的信息，具体代码如下。

```
1  <template>
2    <ArticleInfo>
3      <template v-slot:header>
4        <p>这是文章的头部区域</p>
5      </template>
6      <template v-slot:content>
7        <p>这是文章的内容区域</p>
8      </template>
9      <template #footer>
10       <p>这是文章的尾部区域</p>
11     </template>
12   </ArticleInfo>
13 </template>
14 <script setup>
15 import ArticleInfo from './ArticleInfo.vue'
16 </script>
```

在上述代码中，第 3、6、9 行代码在<template>标签上使用了 v-slot 指令，分别向名称为 header、content、footer 的具名插槽提供了内容。

③ 修改 src\main.js，切换页面中显示的组件，示例代码如下。

```
import App from './components/MyArticle.vue'
```

保存上述代码后，在浏览器中访问 http://127.0.0.1:5173/，使用具名插槽的页面效果如

图 4–14 所示。

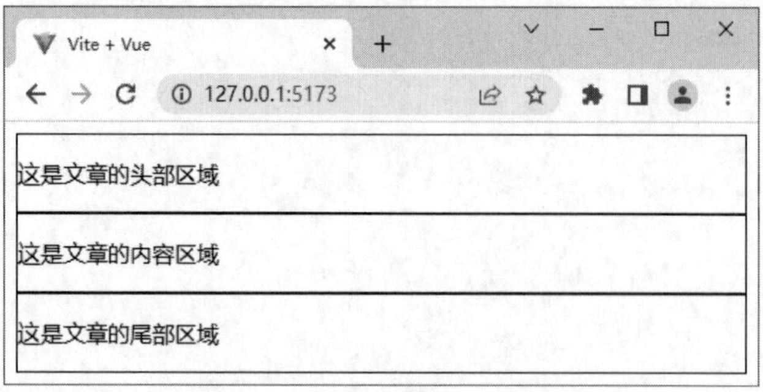

图4–14　使用具名插槽的页面效果

从图 4–14 可以看出，已经成功将对应的内容放置到插槽名称为 header、content、footer 的插槽中。

4.2.3　作用域插槽

一般情况下，在父组件中不能使用子组件中定义的数据。如果想要在父组件中使用子组件中定义的数据，则需要通过作用域插槽来实现。作用域插槽是带有数据的插槽，子组件提供一部分数据给插槽，父组件接收子组件的数据进行页面渲染。

作用域插槽的使用分为定义数据和接收数据两个部分，下面分别进行讲解。

1. 定义数据

在封装组件的过程中，可以为预留的插槽定义数据，供父组件接收并使用子组件中的数据。在作用域插槽中，可以将数据以类似传递 props 属性的形式添加到<slot>标签上。

例如，在封装 MyHeader 组件时，在插槽中定义数据供父组件使用，示例代码如下。

```
<slot message="Hello Vue.js"></slot>
```

在上述代码中，在定义插槽时定义了 message 属性，表示可以从子组件传递到父组件的信息。

2. 接收数据

使用默认插槽和具名插槽接收数据的方式不同，接下来分别进行讲解。

（1）默认插槽

在 Vue 中，每个插槽都有 name 属性，表示插槽的名称。在定义插槽时虽然省略了<slot>标签的 name 属性，但是 name 属性默认为 default，这样的插槽属于默认插槽。

在父组件中可以通过 v-slot 指令接收插槽中定义的数据，即接收作用域插槽对外提供的数据。通过 v-slot 指令接收到的数据可以在插槽内通过 Mustache 语法进行访问。

例如，在父组件中使用 MyHeader 组件中的插槽时，通过 v-slot 指令的值接收传递的数据的示例代码如下。

```
1  <MyHeader v-slot="scope">
2    <p>{{ scope.message }}</p>
3  </MyHeader>
```

在上述代码中，通过 v-slot 接收从作用域插槽中传递的数据，scope 为形参，表示从作用域插槽中接收的数据，该形参的名称可以自定义。第 2 行代码通过 Mustache 语法将数据在页面中输出。

作用域插槽对外提供的数据对象可以使用解构赋值以简化数据的接收过程，示例代码如下。

```
1  <MyHeader v-slot="{ message }">
2    <p>{{ message }}</p>
3  </MyHeader>
```

在上述代码中，第 1 行代码通过解构赋值解构对象，解构后子组件中定义的数据可以直接访问，而不是以"形参.属性"的方式访问。

（2）具名插槽

在 Vue 中，通过<slot>标签添加 name 属性来定义具名插槽，在具名插槽中也可以向父组件中传递数据。

例如，在封装 MyHeader 组件时，向具名插槽中传入数据的语法格式如下。

```
<slot name="header" message="hello"></slot>
```

具名插槽和作用域插槽可以作用在同一个<slot>标签上且并不冲突。<slot>标签的 name 属性不会作为数据传递给插槽，所以最终传递给组件的数据只有 message 属性。

在使用具名插槽时，插槽属性可以作为 v-slot 的值被访问到，基本语法格式为"v-slot:插槽名称="形参""，简写形式为"#插槽名称="形参""，使用简写形式来使用插槽的示例代码如下。

```
1  <MyHeader>
2    <template #header="{ message }">
3      {{ message }}
4    </template>
5  </MyHeader>
```

如果在一个组件中同时定义了默认插槽和具名插槽，并且它们均需要为父组件提供数据，这时就需要为默认插槽使用显式的<template>标签来接收数据，示例代码如下。

```
1  <MyHeader>
2    <template #default="{ message }">
3      {{ message }}
4    </template>
5  </MyHeader>
```

接下来通过实际操作的方式演示作用域插槽的使用，具体步骤如下。

① 创建 src\components\SubScopeSlot.vue 文件，用于展示作用域插槽，具体代码如下。

```
1  <template>
2    <slot message="Hello 默认插槽"></slot>
3    <hr>
4    <slot message="Hello Vue.js" name="header"></slot>
5    <hr>
6    <slot :user="user" name="content"></slot>
7  </template>
8  <script setup>
9  import { reactive } from 'vue'
10 const user = reactive({ name: 'xiaoyuan', age: '15' })
11 </script>
```

在上述代码中，第 2、4、6 行代码分别定义了一个插槽，分别定义了不同的需要传递到父组件中的数据，这样父组件可以使用 ScopeSlot 组件中的数据。其中，第 2 行代码定义了一个默认插槽；第 4、6 行代码定义了一个具名插槽，名称分别为 header、content。第 9 行代码导入了 reactive() 函数。第 10 行代码定义了页面所需的数据，user 对象表示用户信息，其中 name 属性表示用户名称，age 属性表示用户年龄。

② 创建 src\components\ScopeSlot.vue 文件，用于为作用域插槽提供数据，具体代码如下。

```
1  <template>
2   <SubScopeSlot>
3    <template v-slot:default="scope">
4     <p>{{ scope }}</p>
5    </template>
6    <template v-slot:header="scope">
7     <p>{{ scope }}</p>
8     <p>{{ scope.message }}</p>
9    </template>
10   <template #content="{ user }">
11    <p>{{ user.name }}</p>
12    <p>{{ user.age }}</p>
13   </template>
14  </SubScopeSlot>
15 </template>
16 <script setup>
17 import SubScopeSlot from './SubScopeSlot.vue'
18 </script>
```

在上述代码中，第 3~5 行代码定义了默认插槽；第 6~9 行代码定义了名称为 header 的作用域插槽，该插槽提供的数据通过 v-slot 指令的属性值 scope 接收；第 10~13 行代码定义了名称为 content 的作用域插槽，该插槽提供的数据使用解构赋值以简化数据的接收过程；第 17 行代码在 ScopeSlot 组件中导入了 SubScopeSlot 组件。

③ 修改 src\main.js，切换页面中显示的组件，示例代码如下。

```
import App from './components/ScopeSlot.vue'
```

保存上述代码后，在浏览器中访问 http://127.0.0.1:5173/，作用域插槽的页面效果如图 4-15 所示。

图4-15 作用域插槽的页面效果

从图 4-15 可以看出，成功接收到作用域插槽对外提供的数据并在页面上成功渲染出来。

4.3 自定义指令

在 Vue 中，除了可以使用内置指令外，开发者还可以根据实际需求添加自定义指令。本节将围绕自定义指令进行详细讲解。

4.3.1 什么是自定义指令

当内置指令不能满足开发需求时，可以通过自定义指令来拓展额外的功能。自定义指令的主要作用是方便开发者通过直接操作 DOM 元素来实现业务逻辑。

Vue 中的自定义指令分为两类，分别是私有自定义指令和全局自定义指令。

● 私有自定义指令是指在组件内部定义的指令。私有自定义指令可以在定义该指令的组件内部使用。例如，在组件 A 中自定义了指令，只能在组件 A 中使用，在组件 B、组件 C 中不能使用。

● 全局自定义指令是指在全局定义的指令。全局自定义指令可以在全局使用，例如，在 src\main.js 文件中定义了全局自定义指令，这个指令可以用于任何一个组件。

一个自定义指令由一个包含自定义指令生命周期函数的参数来定义。常用的自定义指令生命周期函数如表 4-2 所示。

表 4-2 常用的自定义指令生命周期函数

函数名	说明
created( )	在绑定元素的属性前调用
beforeMount( )	在绑定元素被挂载前调用
mounted( )	在绑定元素的父组件及自身的所有子节点都挂载完成后调用
beforeUpdate( )	在绑定元素的父组件更新前调用
updated( )	在绑定元素的父组件及自身的所有子节点都更新后调用
beforeUnmount( )	在绑定元素的父组件卸载前调用
unmounted( )	在绑定元素的父组件卸载后调用

常用的自定义指令生命周期函数的参数如表 4-3 所示。

表 4-3 常用的自定义指令生命周期函数的参数

参数	说明
el	指令所绑定的元素，可以直接用于操作 DOM 元素
binding	一个对象，包含多个属性，用于接收属性的参数值
vnode	代表绑定元素底层的虚拟节点
prevNode	之前页面渲染中指令所绑定元素的虚拟节点

binding 中包含以下 6 个常用属性。

● value：传递给指令的值。

● arg：传递给指令的参数。

- oldValue：之前的值，仅在 beforeUpdate( )函数和 updated( )函数中可用，无论值是否更改都可用。

- modifiers：一个包含修饰符的对象（如果有）。例如，在 v-my-directive.foo.bar 中，修饰符对象是{ foo: true, bar: true }。

- instance：使用该指令的组件实例。

- dir：指令的定义对象。

4.3.2　私有自定义指令的声明与使用

如果没有使用 setup 语法糖，可以在 directives 属性中声明私有自定义指令。例如，声明一个私有自定义指令 color，示例代码如下。

```
1 export default {
2   directives: {
3     color: {}
4   }
5 }
```

在上述代码中，color 为自定义指令的名称，指令名称可以自定义。名称为 color 的指令指向一个配置对象，对象中可以包含自定义指令的生命周期函数，可通过这些函数来操作 DOM 元素。

在使用自定义指令时，需要以"v-"开头，示例代码如下。

```
<h1 v-color>标题</h1>
```

上述代码表示使用 color 自定义指令，该自定义指令也可以称为 v-color 指令。

如果使用 setup 语法糖，任何以"v"开头的驼峰式命名的变量都可以被用作一个自定义指令，示例代码如下。

```
<template>
  <span v-color></span>
</template>
<script setup>
const vColor = { }
</script>
```

在上述示例代码中，自定义指令 vColor 可以在模板中以 v-color 的形式使用。

接下来通过实际操作的方式演示私有自定义指令的使用方法，具体步骤如下。

① 创建 src\components\DirectiveComponent.vue 文件，具体代码如下。

```
1 <template>
2   <p v-fontSize>DirectiveComponent 组件</p>
3 </template>
4 <script setup>
5 const vFontSize = {}
6 </script>
```

在上述代码中，第 2 行代码在 DirectiveComponent 组件中使用自定义指令 v-fontSize；第 5 行代码定义自定义指令的名称为 fontSize，该指令用于更改所绑定标签上的字体大小。

② 修改 src\main.js 文件，切换页面中显示的组件，示例代码如下。

```
import App from './components/DirectiveComponent.vue'
```

保存上述代码后，在浏览器中访问 http://127.0.0.1:5173/，私有自定义指令的初始页面效果和控制台如图 4-16 所示。

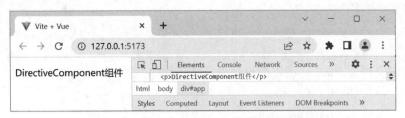

图4-16　私有自定义指令的初始页面效果和控制台

③ 修改 DirectiveComponent 组件，添加 mounted( )函数，实现元素挂载完成后文本字号的改变，具体代码如下。

```
1  const vFontSize = {
2    mounted: el => {
3      el.style.fontSize = '24px'
4    }
5  }
```

在上述代码中，第 2~4 行代码为新增代码，实现元素挂载完成后文本字号大小的改变，参数 el 表示指令所在的元素对象。

保存上述代码后，在浏览器中访问 http://127.0.0.1:5173/，添加 mounted( )函数后的页面效果和控制台如图 4-17 所示。

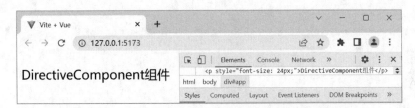

图4-17　添加mounted( )函数后的页面效果和控制台

从图 4-17 可以看出，DirectiveComponent 组件的字号变大，说明 mounted( )函数中的代码生效了。

4.3.3　全局自定义指令的声明与使用

全局自定义指令需要通过 Vue 应用实例的 directive( )方法进行声明，语法格式如下。

```
directive('自定义指令名称', 对象)
```

在上述语法格式中，directive( )方法的第 1 个参数类型为字符串，表示全局自定义指令的名称；第 2 个参数类型为对象或者函数，可以是对象或者函数形式，用于接收指令的参数值。

接下来通过实际操作的方式演示全局自定义指令的使用方式，修改 src\main.js 文件，声明全局自定义指令 fontSize，示例代码如下。

```
1  import { createApp } from 'vue'
2  import './style.css'
3  import App from './components/DirectiveComponent.vue'
4  const app = createApp(App)
5  app.directive('fontSize', {
```

```
 6    mounted: el => {
 7      el.style.fontSize = '24px'
 8    }
 9  })
10 app.mount('#app')
```

全局自定义指令 fontSize 可以在整个项目的组件中使用。在使用全局自定义指令时需要在前面加上"v-"，例如 v-fontSize。

4.3.4　为自定义指令绑定参数

在使用自定义指令时，开发人员可以通过自定义指令的参数改变元素的状态，传递的参数由自定义指令的生命周期函数的第2个参数接收。

在标签中使用自定义指令时，通过等号（=）的方式可以为当前指令绑定参数，示例代码如下。

```
<h1 v-color="color"></h1>
```

在上述代码中，color 为 setup( ) 函数中定义的数据。

如果指令需要多个值，可以传递一个对象，示例代码如下。

```
<div v-demo="{ color: 'red', text: 'hello' }"></div>
```

接下来通过实际操作的方式演示自定义指令参数的使用方法，具体步骤如下。

① 创建 src\components\CustomDirective.vue 文件，具体代码如下。

```
 1 <template>
 2   <p v-fontSize="fontSize">DirectiveComponent 组件</p>
 3   <button @click="fontSize = '24px'">更改字号大小</button>
 4 </template>
 5 <script setup>
 6 import { ref } from 'vue'
 7 const fontSize = ref('12px')
 8 const vFontSize = {
 9   mounted: (el, binding) => {
10     el.style.fontSize = binding.value
11   },
12 }
13 </script>
```

在上述代码中，第2行代码为 p 元素绑定自定义指令 v-fontSize；第3行代码用于为按钮绑定单击事件，实现单击按钮后更改文本字号大小的效果；第6行代码导入了 ref( ) 函数；第7行代码用于输出 fontSize 变量；第8~12行代码定义了自定义指令 fontSize，定义 mounted( ) 函数，实现 p 元素挂载完成后文本会随传递参数而改变。

② 修改 src\main.js 文件，切换页面中显示的组件，示例代码如下。

```
import App from './components/CustomDirective.vue'
```

保存上述代码后，运行程序，CustomDirective 组件的初始页面效果如图 4-18 所示。

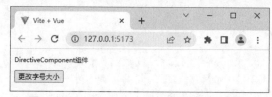

图4-18　CustomDirective组件的初始页面效果

单击"更改字号大小"按钮后，文本字号大小不会发生改变，这是因为自定义指令中的参数只有在指令绑定的 p 元素挂载完成后才能触发，后续数据进行更新需要调用 update( ) 函数来实现。

③ 在自定义指令 fontSize 中添加 updated( )函数，实现自定义指令绑定的参数改变时，页面进行同步更改，具体代码如下。

```
1  const vFontSize = {
2   // 原有代码……
3   updated: (el, binding) => {
4     el.style.fontSize = binding.value
5   }
6  }
```

在上述代码中，第 3 ~ 5 行代码定义了 updated( )函数，在 fontSize 属性值改变时，会调用 updated( )方法，实现字号的更改。

保存上述代码后，在浏览器中访问 http://127.0.0.1:5173/，初始页面效果与图 4-18 相同。单击"更改字号大小"按钮后的页面效果如图 4-19 所示。

图4-19 单击"更改字号大小"按钮后的页面效果

将图 4-18 和图 4-19 进行对比，发现字号变大，说明为自定义指令绑定动态参数成功了。

4.3.5 自定义指令的函数形式

对于自定义指令来说，通常仅需要在 mounted( )函数和 updated( )函数中操作 DOM 元素，除此之外，不需要其他的生命周期函数。例如，4.3.4 小节 CustomDirective 组件中的 mounted( )函数和 updated( )函数中的代码完全相同。此时，可以将自定义指令简写为函数形式。

将私有自定义指令简写为函数形式的示例代码如下。

```
1  const vFontSize = (el, binding) => {
2   el.style.fontSize = binding.value
3  }
```

在上述代码中，第 1 ~ 3 行代码以函数的形式实现了自定义指令。

将全局自定义指令简写成函数形式的示例代码如下。

```
1  app.directive('fontSize', (el, binding) => {
2   el.style.fontSize = binding.value
3  })
```

读者可以自行尝试自定义指令的函数形式。

4.4 引用静态资源

在组件中，有时需要引用一些静态资源，例如图片资源、CSS 代码资源等。通过项目的

public 目录和 src\assets 目录都可以存放静态资源，但引用静态资源的方式不同，下面分别进行讲解。

1. 引用 public 目录中的静态资源

public 目录用于存放不可编译的静态资源文件，该目录下的文件会被复制到打包目录，该目录下的文件需要使用绝对路径访问。

例如，在组件中引用 public 目录中的 demo.png 文件，示例代码如下。

```
<img src="/demo.png" >
```

接下来通过实际操作的方式演示引用 public 目录中静态资源的方法，具体步骤如下。

① 创建 src\components\Image.vue 文件，具体代码如下。

```
1 <template>
2   <img src="/vite.svg" >
3 </template>
```

在上述代码中，vite.svg 文件存储了创建 Vue 项目后自动创建的图片资源，读者可以选择不同的图片资源进行测试。

② 修改 src\main.js 文件，切换页面中显示的组件，示例代码如下。

```
import App from './components/Image.vue'
```

保存上述代码后，运行程序，引用 public 目录中的静态资源的页面效果如图 4-20 所示。

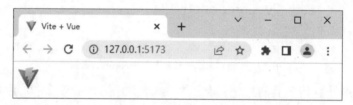

图4-20　引用public目录中的静态资源的页面效果

由图 4-20 可知，图片成功在页面中显示出来，说明成功引用了 public 中的静态资源。

2. 引用 src\assets 目录中的静态资源

src\assets 目录用于存放可编译的静态资源文件，例如图片、样式文件等。该目录下的文件需要使用相对路径访问。

在引用 src\assets 目录中的图片时，首先将图片保存到本地，然后使用 import 语法将图片导入需要的组件，最后通过 img 元素的 src 属性添加图片的路径。

接下来通过实际操作的方式演示引用 src\assets 中静态资源的方法，具体步骤如下。

① 创建 src\components\Icon.vue 文件，具体代码如下。

```
1 <template>
2   <img :src="icon">
3 </template>
4 <script setup>
5 import icon from '../assets/vue.svg'
6 </script>
```

在上述代码中，第 2 行代码通过 v-bind 绑定图片的路径；第 5 行代码用于通过 import 语法将图片导入组件。需要注意的是，vue.svg 为 Vue 创建项目后自动创建的图片资源，读者可以选择不同的图片资源进行测试。

② 修改 src\main.js 文件，切换页面中显示的组件，示例代码如下。

```
import App from './components/Icon.vue'
```

保存上述代码后，运行程序，引用src\assets目录中的静态资源的页面效果如图 4-21 所示。

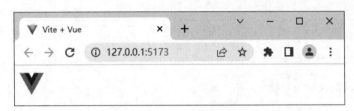

图4-21　引用src\assets目录中的静态资源的页面效果

由图 4-21 可知，图片成功在页面中显示出来，说明成功引用了 src\assets 中的静态资源。

4.5　阶段案例——商品管理

学习了组件的基础知识后，为了使读者对组件的相关知识有更深入的理解，接下来带领读者开发一个"商品管理"案例，让读者对所学知识进行综合运用。

"商品管理"案例主要对商品进行展示，包括商品名称、价格、标签等信息。在本案例中可以添加商品标签信息，也可以删除某条商品信息。"商品管理"案例的初始页面效果如图 4-22 所示。

#	商品名称	价格	标签			操作
1	夏季专柜同款女鞋	￥298	+Tag	舒适	透气	删除
2	冬季保暖女士休闲雪地靴 舒适加绒防水短靴 防滑棉鞋	￥89	+Tag	保暖	防滑	删除
3	秋冬新款女士毛衣 套头宽松针织衫 简约上衣	￥199	+Tag	秋冬	毛衣	删除
4	2023春秋装新款大码女装 衬衫 上衣	￥19	+Tag	雪纺衫	打底	删除
5	长款长袖圆领女士毛衣 2022秋装新款假两件连衣裙	￥178	+Tag	圆领	连衣裙	删除

图4-22　"商品管理"案例的初始页面效果

当用户单击"删除"按钮时，可以删除当前的商品。当单击"+Tag"按钮时，"+Tag"按钮会切换成输入框，用于添加标签，并且输入框会自动获取焦点。

单击第 1 件商品的"+Tag"按钮后的页面效果如图 4-23 所示。

在输入框中填写"轻便"，填写后单击输入框外部区域使输入框失去焦点，即可完成标签的添加。添加标签后的页面效果如图 4-24 所示。

从图 4-24 可以看出，商品 1 中"轻便"标签被成功添加。

图4-23　单击第1件商品的"+Tag"按钮后的页面效果

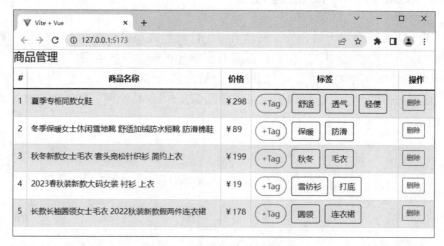

图4-24　添加标签后的页面效果

说明：

为了方便读者练习，在本书的配套源代码中提供了项目代码和开发文档，开发文档中有详细的操作步骤和代码讲解，读者可以根据开发文档进行学习。

本章小结

本章主要讲解了动态组件、插槽、自定义指令和引用静态资源的相关知识，并通过阶段案例"商品管理"对本章所讲知识进行了综合运用。通过本章的学习，读者能够对组件有更深的理解，能够更好地封装与使用组件，从而提高组件的可复用性。

课后习题

一、填空题

1. 在 Vue 中，使用＿＿＿＿＿＿标签可以定义动态组件。

2. 如果想要实现只有名称匹配的组件被缓存，可以通过 KeepAlive 组件的常用属性＿＿＿来实现。

3. 在<slot>标签内可以添加一些内容作为插槽的＿＿＿＿＿。

4. 如果要把内容填充到指定名称的插槽中，可以通过一个包含＿＿＿＿＿指令的<template>标签来实现。

5. 如果没有使用 setup 语法糖，可以在＿＿＿＿＿属性下声明私有自定义指令。

二、判断题

1. 使用动态组件实现组件之间的按需切换时，隐藏的组件会被销毁，展示出来的组件会被重新创建。（　　）

2. 组件缓存可以使组件创建一次后，不会被销毁。（　　）

3. 作用域插槽是带有数据的插槽，父组件提供一部分数据给插槽。（　　）

4. 如果一个组件没有预留任何插槽，则组件的使用者提供的任何插槽内容同样会起作用。（　　）

5. 添加 name 属性的<slot>标签用来定义具名插槽。（　　）

三、选择题

1. 下列选项中，当组件缓存时会触发的生命周期函数是（　　）。

A. onActivated( )　　　B. onDeactivated( )　　　C. mounted( )　　　D. updated( )

2. 下列选项中，关于插槽说法错误的是（　　）。

A. 插槽是组件封装期间为组件的使用者预留的占位符

B. 在定义插槽时，直接写一个<slot>标签，它属于默认插槽

C. 当需要使用多个插槽时，则需要为每个<slot>插槽指定具体的 name 属性

D. 如果组件的使用者为插槽提供内容，则默认内容生效

3. 下列选项中，关于自定义指令说法错误的是（　　）。

A. 全局自定义指令可以在全局进行使用

B. 私有自定义指令只能在声明该指令的组件中使用

C. 在 Vue 中，可以通过 app.directive( )函数声明全局自定义指令

D. 在 Vue 中，不能为自定义指令绑定参数

4. 下列选项中，关于自定义指令常用生命周期函数及传入参数说法错误的是（　　）。

A. mounted( )函数在绑定元素的父组件及自身的所有子节点都挂载完成后调用

B. value 为参数 binding 中的属性，表示传递给指令的值

C. el 参数表示当前指令所绑定到的元素

D. beforeUpdate( )函数在绑定的父组件卸载前调用

5. 下列选项中，关于 KeepAlive 组件说法错误的是（　　）。

A. KeepAlive 组件通过<KeepAlive>标签来定义

B. 若只想要对应组件名的组件被缓存，则需要通过<KeepAlive>标签的 exclude 属性来实现

C. 在<KeepAlive>标签上添加 max 属性用来设置最多可以缓存的组件实例个数

D. 只要是被<KeepAlive>标签包裹的组件就不会销毁

四、简答题

1. 请简述自定义指令的分类。

2. 请简述 KeepAlive 组件的作用。

五、操作题

请编写登录页面和注册页面，通过动态组件实现动态切换页面中显示的组件，效果如图 4–25 和图 4–26 所示。

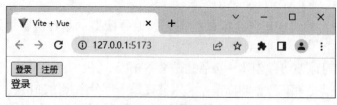

图4-25　登录页面

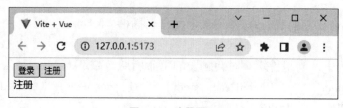

图4-26　注册页面

第 <big>5</big> 章

路由

<big>••••</big>

学习目标

★ 了解什么是路由，能够说出前后端路由的基本工作原理

★ 掌握 Vue Router 的安装，能够独立安装 Vue Router

★ 掌握 Vue Router 的基本使用方法，能够在项目中配置 Vue Router

★ 掌握路由重定向的使用方法，能够解释路由重定向的实现

★ 掌握嵌套路由的使用方法，能够实现路由的嵌套

★ 掌握动态路由的使用方法，能够实现动态路由的匹配

★ 掌握命名路由的使用方法，能够解释命名路由的实现

★ 掌握编程式导航的使用方法，能够灵活应用编程式导航

★ 掌握导航守卫的使用方法，能够实现路由访问权限的控制

在前面学过的单页 Web 应用中，一个网站只有一个 HTML 页面，所有组件的展示与切换都在这一个 HTML 页面中完成。虽然利用动态组件可以实现组件切换，但是当用户刷新网页或者通过 URL 地址重新访问网页时，组件的切换状态无法保留。为了解决这个问题，可以用路由实现组件切换。本章将从路由的概念与原理出发，详细讲解 Vue 中路由的使用方法。

5.1 初识路由

提到路由（Route），一般我们会联想到网络中常见的路由器（Router），那么路由和路由器之间有什么关联呢？路由是指路由器从一个接口接收到数据，根据数据的目的地址将数据定向传送到另一个接口的行为和动作；而路由器是执行行为和动作的硬件设备，主要用于连接网络，实现不同网络之间的通信和数据传递。

Web 开发也有路由的概念。Web 开发中的路由用于根据用户请求的 URL 地址分配对应的处理程序。根据技术的不同，Web 开发中的路由分为后端路由和前端路由，下面分别进行介绍。

1. 后端路由

后端路由的整个过程发生在服务器端，开发者需要在服务器端程序中建立一套后端路由规则。当服务器接收到请求后，会通过路由寻找当前请求的 URL 地址对应的处理程序。

Node.js 环境中的 Express 框架中的路由属于后端路由。下面以该框架为例，演示后端路由的工作原理，如图 5-1 所示。

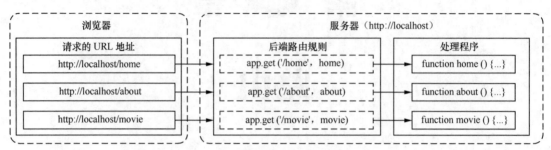

图5-1　后端路由的工作原理

后端路由规则和处理程序都是开发人员事先编写的代码。当服务器接收到浏览器的请求后，会通过 app.get( )方法根据 URL 地址中的路径寻找对应的处理程序。例如，当 URL 地址中的路径是 "/home" 时，就会找到 home( )函数，将该函数作为处理程序。

2. 前端路由

前端路由的整个过程发生在浏览器端，其特点是当 URL 地址改变时不需要向服务器发起一个加载新页面的请求，而是在维持当前页面的情况下切换页面中显示的内容。

Vue 中的路由属于前端路由，它有两种常用的模式，分别是 Hash 模式和 HTML5 模式，下面分别进行介绍。

（1）Hash 模式

Hash 模式的前端路由通过 URL 中从 "#" 开始的部分实现不同组件之间的切换，"#" 表示 Hash 符，"#" 后面的值称为 Hash 值，该值将用于进行路由匹配。Hash 模式前端路由的工作原理如图 5-2 所示。

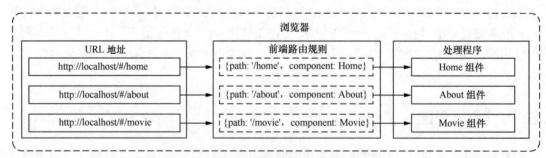

图5-2　Hash模式前端路由的工作原理

图 5-2 所示的页面一共有 3 个 URL 地址，它们都包含 "#" 部分。前端路由规则定义了路径（path）与组件（component）的映射关系。当页面被打开时，页面会寻找 Hash 值对应的路径和组件，将找到的组件作为处理程序，并将该组件显示出来。

（2）HTML5 模式

HTML5 模式的 URL 地址与后端路由的 URL 地址的风格一致，可以通过 URL 地址中的路径进行路由匹配。HTML5 模式利用 HTML5 新增的 history.pushState( )方法实现了在浏览器中维持当前页面的情况下改变 URL 地址的路径。HTML5 模式前端路由的工作原理如图 5-3 所示。

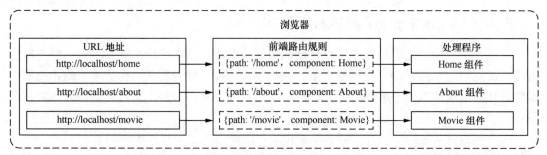

图5-3　HTML5模式前端路由的工作原理

从图 5-3 可以看出，HTML5 模式的前端路由与 Hash 模式的前端路由相似，区别是 HTML5 模式前端路由的 URL 地址中没有"#"部分，是通过路径进行路由匹配的。需要注意的是，HTML5 模式的前端路由需要服务器端配合才能实现，服务器端需要将不同路径的请求全部交给同一个网页进行处理。当使用 yarn dev 命令启动项目时，项目会自动完成服务器端的处理。

5.2　初识 Vue Router

Vue Router 是 Vue 官方提供的路由管理器，它与 Vue.js 核心深度集成，从而使构建单页 Web 应用变得更加简单。本节将对 Vue Router 的安装与配置以及 Vue Router 的基本使用进行讲解。

5.2.1　Vue Router 的安装

Vue Router 有多个版本，其中，Vue Router 4 适用于 Vue 3，而 Vue Router 3 适用于 Vue 2。由于本书重点讲解 Vue 3，所以接下来将基于 Vue Router 4 进行讲解。

为了方便演示，先在 D:\vue\chapter05 目录下创建一个新的 Vue 3 项目，并在创建完成后安装项目依赖，具体命令如下。

```
yarn create vite my-router --template vue
cd my-router
yarn
```

在上述命令中，my-router 表示项目名称，读者也可以根据需要自定义名称。命令执行完成后，会自动在当前目录下创建 my-router 子目录作为项目目录。

完成项目创建后，下面讲解 Vue Router 的安装。

在 my-router 目录中，通过 yarn 安装 Vue Router，具体命令如下。

```
yarn add vue-router@4 --save
```

在上述命令中，@4 表示安装 vue-router 的版本号为 4，即 Vue Router 4；--save 表示将 Vue Router 安装为项目的运行时依赖，表示在项目运行时需要使用 Vue Router。

安装完成后，可以打开 package.json 文件，查看 Vue Router 的版本号，查看结果如下。

```
"dependencies": {
```

```
    "vue": "^3.2.45",
    "vue-router": "4"
  },
```

从上述结果可以看出，成功安装了 Vue Router，版本号为 4。

5.2.2　Vue Router 的基本使用

完成 Vue Router 安装后，就可以使用路由了。路由的基本使用步骤是：首先定义路由组件，以便使用 Vue Router 控制路由组件的展示与切换；接着定义路由链接和路由视图，以便告知路由组件渲染到页面的哪个位置；然后在项目中创建路由模块；最后导入并挂载路由模块。

接下来通过实际操作的方式演示 Vue Router 的使用方法，具体步骤如下。

1. 定义路由组件

在 src\components 目录下创建 2 个组件，分别为 Home（首页）组件和 About（关于）组件，用于演示组件的切换效果，文件名分别为 Home.vue 和 About.vue。

Home.vue 文件的具体代码如下。

```
1  <template>
2    <div class="home-container">
3      <h3>Home 组件</h3>
4    </div>
5  </template>
6  <style scoped>
7  .home-container {
8    min-height: 150px;
9    background-color: #f2f2f2;
10   padding: 15px;
11 }
12 </style>
```

About.vue 文件的具体代码如下。

```
1  <template>
2    <div class="about-container">
3      <h3>About 组件</h3>
4    </div>
5  </template>
6  <style scoped>
7  .about-container {
8    min-height: 150px;
9    background-color: #f2f2f2;
10   padding: 15px;
11 }
12 </style>
```

2. 定义路由链接和路由视图

为了在页面中将路由对应的组件显示出来，还需要在 App 组件中定义路由视图。路由视图使用<router-view>标签定义，该标签会被渲染成当前路由对应的组件。另外，为了方便在不同组件之间切换，可以通过<router-link>标签定义路由链接，该标签的 to 属性表示链接地址，与路由匹配规则中的 path 属性对应。

在 src\App.vue 文件中定义路由视图以及 Home 组件和 About 组件的路由链接，具体代码如下。

```
1  <template>
2    <div class="app-container">
3      <h1>App 根组件</h1>
4      <router-link to="/home">首页</router-link>
5      <router-link to="/about">关于</router-link>
6      <hr>
7      <router-view></router-view>
8    </div>
9  </template>
10 <style scoped>
11 .app-container {
12   text-align: center;
13   font-size: 16px;
14 }
15 .app-container a {
16   padding: 10px;
17   color: #000;
18 }
19 .app-container a.router-link-active {
20   color: #fff;
21   background-color: #000;
22 }
23 </style>
```

在上述代码中，第 4 行代码通过 to 属性定义 Home 组件的链接地址为"/home"，与路由匹配规则中 path 属性值"/home"对应；第 5 行代码通过 to 属性定义 About 组件的链接地址为"/about"，与路由匹配规则中 path 属性值"/about"对应；第 7 行代码使用<router-view>标签渲染当前路由对应的组件；第 19 ~ 22 行代码用于为激活的路由链接设置高亮的样式。

3. 创建路由模块

在 src 目录下创建 router.js 文件作为路由模块，在该文件中按照如下步骤进行操作。

① 导入路由相关函数，具体代码如下。

```
import { createRouter, createWebHashHistory } from 'vue-router'
```

在上述代码中，从 vue-router 中导入了 createRouter( )和 createWebHashHistory( )两个函数。其中，createRouter( )函数用于创建路由的实例对象；createWebHashHistory( )函数用于指定路由的工作模式为 Hash 模式。另外，如果需要指定路由的工作模式为 HTML5 模式，可以将 createWebHashHistory( )函数换成 createWebHistory( )函数。

② 导入需要被路由控制的 Home 组件和 About 组件，具体代码如下。

```
1  import Home from './components/Home.vue'
2  import About from './components/About.vue'
```

③ 创建路由实例对象，具体代码如下。

```
1  const router = createRouter({
2    history: createWebHashHistory(),
3    routes: [
4      { path: '/home', component: Home },
5      { path: '/about', component: About },
```

```
6    ]
7  })
```

在上述代码中，第 1 ~ 7 行代码用于创建路由实例对象。其中，第 2 行代码通过 history 属性指定路由的工作模式为 Hash 模式；第 3 行代码中的 routes 数组用于定义路由匹配规则；第 4 行和第 5 行代码中的 path 属性表示待匹配的路径，component 属性表示路径对应的组件。

上述代码的组件加载方式是一次加载所有组件。如果需要通过懒加载的方式动态加载组件，可以删除第②步的代码，将第③步的第 3 ~ 6 行代码改为如下代码。

```
1  routes: [
2    { path: '/home', component: () => import('./components/Home.vue') },
3    { path: '/about', component: () => import('./components/About.vue') }
4  ]
```

④ 导出路由实例对象，具体代码如下。

```
export default router
```

上述代码用于将路由实例对象 router 导出，供其他模块导入并使用。

4. 导入并挂载路由模块

在 src\main.js 文件中导入并挂载路由模块，具体代码如下。

```
1  import { createApp } from 'vue'
2  import './style.css'
3  import App from './App.vue'
4  // 导入路由模块
5  import router from './router.js'
6  const app = createApp(App)
7  // 挂载路由模块
8  app.use(router)
9  app.mount('#app')
```

在上述代码中，第 5 行代码用于导入路由模块；第 8 行代码使用 app.use( )方法挂载路由模块。

保存上述代码，执行 yarn dev 命令启动服务。服务启动成功后，在浏览器中访问 http://127.0.0.1:5173/，使用路由后的初始页面效果如图 5-4 所示。

图5-4　使用路由后的初始页面效果

从图 5-4 可以看出，默认没有选择任何组件。此时单击"首页"路由链接可以切换到 Home 组件，Home 组件的效果如图 5-5 所示。

图5-5 Home组件的效果

由图 5-5 可知，当用户单击"首页"路由链接后，浏览器地址栏中的 Hash 值变为了
"/home"，前端路由监听到了 Hash 地址的变化，在页面中将 Hash 值对应的 Home 组件渲染
出来。

单击"关于"路由链接可以切换到 About 组件，About 组件的效果如图 5-6 所示。

图5-6 About组件的效果

由图 5-6 可知，当用户单击"关于"路由链接后，浏览器地址栏中的 Hash 值变为了
"/about"，前端路由监听到了 Hash 地址的变化，在页面中将 Hash 地址对应的 About 组件渲
染出来。

多学一招： 更改路由链接激活项的类名

在默认情况下，路由链接激活项的类名为 router-link-active。如果需要更改类名，可以
在创建路由实例对象时通过 linkActiveClass 属性设置一个类名，示例代码如下。

```
1  const router = createRouter({
2    linkActiveClass: 'router-active',
3    ......
4  })
```

在上述代码中，第 2 行代码用于设置路由链接激活项的类名为 router-active。设置后，默认的 router-link-active 类名会被更改为 router-active。

5.3　路由重定向

在开发过程中，可能希望当用户访问不同的路径时，页面中显示同一个组件，这时就需要用到路由重定向。路由重定向可以使用户在访问一个 URL 地址时，强制跳转到另一个 URL 地址，从而展示特定的组件。通过路由匹配规则中的 redirect 属性可以指定一个新的路由地址，从而实现路由重定向。

接下来演示路由重定向的使用方法。修改 src\router.js 文件，实现当用户访问"/"路径时，将路由重定向到"/home"路径，具体代码如下。

```
1  const router = createRouter({
2    history: createWebHashHistory(),
3    routes: [
4      { path: '/', redirect: '/home' },
5      { path: '/home', component: import ('./components/Home.vue') },
6      { path: '/about', component: import('./components/About.vue') }
7    ]
8  })
```

在上述代码中，第 4 行代码为新增代码，表示当用户访问"/"路径时，将路由重定向到"/home"路径，其中 path 属性表示待匹配的路径，redirect 属性表示路由重定向的路径。

保存上述代码并访问 http://127.0.0.1:5173/，在浏览器中看到的页面效果与图 5–5 相同。

5.4　嵌套路由

嵌套路由是指通过路由实现组件的嵌套展示，它主要由页面结构决定。实际项目中的应用界面通常由多层嵌套的组件组合而成，为了使多层嵌套的组件能够通过路由访问，路由也需要具有嵌套关系，也就是在路由里面嵌套它的子路由。

使用嵌套路由时，需要在 src\router.js 文件的路由匹配规则中通过 children 属性定义子路由匹配规则。children 也是一组路由，它可以按照与 routes 相同的方式配置子路由数组。

下面演示一个简单的嵌套路由的配置，语法格式如下。

```
1  routes: [
2    {
3      path: '父路由路径',
4      component: 父组件,
5      children: [
6        { path: '子路由路径 1', component: 子组件 1 },
7        { path: '子路由路径 2', component: 子组件 2 }
8      ]
9    }
10 ]
```

在上述语法格式中，第 5～8 行代码用于通过 children 属性定义子路由匹配规则。其中，第 6 行代码定义了子组件 1 的路由匹配规则；第 7 行代码定义了子组件 2 的路由匹配规则。

需要注意的是，当使用 children 属性定义子路由匹配规则时，子路由的 path 属性前不要带"/"，否则会永远以根路径开始请求。

在组件中定义子路由链接的语法格式如下。

```
<router-link to="/父路由路径/子路由路径"></router-link>
```

学习了嵌套路由的基本概念后，接下来通过实际操作的方式演示嵌套路由的实现，具体步骤如下。

① 在 src\components 目录下创建 pages 目录，用于存放子路由组件。

② 创建 src\components\pages\Tab1.vue 文件，具体代码如下。

```
1  <template>
2    <div>Tab1 组件</div>
3  </template>
4  <style scoped>
5  div {
6    text-align: left;
7    background-color: #9dc4e5;
8  }
9  </style>
```

③ 创建 src\components\pages\Tab2.vue 文件，具体代码如下。

```
1  <template>
2    <div>Tab2 组件</div>
3  </template>
4  <style scoped>
5  div {
6    text-align: left;
7    background-color: #ffba00;
8  }
9  </style>
```

④ 在 component\About.vue 文件中添加子路由链接和子路由视图，具体代码如下。

```
1  <template>
2    <div class="about-container">
3      <h3>About 组件</h3>
4      <router-link to="/about/tab1">tab1</router-link>
5      <router-link to="/about/tab2">tab2</router-link>
6      <hr>
7      <router-view></router-view>
8    </div>
9  </template>
10 <style scoped>
11 .about-container {
12   min-height: 150px;
13   background-color: #f2f2f2;
14   padding: 15px;
15 }
16 .about-container a {
17   padding: 10px;
```

```
18   border: 1px solid #ccc;
19   border-radius: 5px;
20   padding: 5px 10px;
21   color: #000;
22   margin: 0 5px;
23 }
24 .about-container a.router-link-active {
25   color: #000;
26   background-color: #deebf6;
27 }
28 </style>
```

在上述代码中，第 4～5 行代码用于定义子路由链接；第 7 行代码用于定义子路由视图。

⑤ 修改 src\router.js 文件，在 routes 中导入 Tab1 组件和 Tab2 组件，并使用 children 属性定义子路由匹配规则，具体代码如下。

```
1 routes: [
2   { path: '/', redirect: '/about' },
3   { path: '/home', component: () => import ('./components/Home.vue') },
4   {
5     path: '/about',
6     component: () => import('./components/About.vue'),
7     children: [
8       { path: 'tab1', component: () => import ('./components/pages/Tab1.vue') },
9       { path: 'tab2', component: () => import ('./components/pages/Tab2.vue') }
10    ]
11  }
12 ]
```

在上述代码中，第 2 行代码用于重定向到 "/about" 路由；第 7～10 行代码用于定义子路由匹配规则。其中，第 8 行代码定义了 Tab1 组件的子路由匹配规则；第 9 行代码定义了 Tab2 组件的子路由匹配规则。

保存上述代码，在浏览器中访问 http://127.0.0.1:5173/。页面打开后，会自动重定向到 About 组件的路由，页面显示 About 组件，如图 5-7 所示。

图5-7　About组件

单击 "tab1" 链接，页面显示 About 组件中的 Tab1 组件，如图 5-8 所示。

图5-8 About组件中的Tab1组件

单击 "tab2" 链接，页面显示 About 组件中的 Tab2 组件，如图 5-9 所示。

图5-9 About组件中的Tab2组件

5.5 动态路由

前面讲过的路由都是严格定义好匹配模式的，但在实际开发中，这种方式存在明显不足。例如，页面中有一个列表组件，每个列表项使用 id 区分，当用户单击每个列表项时都会导航到同一个详情页组件，只是不同的 id 对应的详情页的数据不同。这种情况下，在定义路由匹配规则的时候，如果为每个 id 都定义一个路径显然是不现实的，这就需要利用动态路由解决这个问题。本节将详细讲解动态路由。

5.5.1 动态路由概述

动态路由是一种路径不固定的路由，路径中可变的部分被称为动态路径参数（Dynamic

Segment），使用动态路径参数可以提高路由规则的可复用性。在 Vue Router 的路由路径中，使用"∶参数名"的方式可以在路径中定义动态路径参数。

下面通过代码演示如何定义一个动态路由，示例代码如下。

```
{ path: '/sub/:id', component: 组件 },
```

在上述代码中，path 中的"∶id"是一个动态路径参数，该参数以冒号"∶"开头，参数名为 id。

需要注意的是，不同动态路径参数的动态路由在进行切换时，由于它们都是指向同一组件，所以 Vue 不会销毁再重新创建这个组件，而是复用这个组件。如果想要在切换时进行一些操作，就需要在组件内部利用 watch 来监听路由的变化。

下面演示如何在 About 组件中监听路由的变化，具体代码如下。

```
1  <script setup>
2  import { useRoute } from 'vue-router'
3  import { watch } from 'vue'
4  const route = useRoute()
5  watch(() => route.path, path => {
6    console.log('路由路径', path)
7  })
8  </script>
```

在上述代码中，第 2 行代码导入了 useRoute() 函数，用于获取路由参数；第 5～7 行代码用于利用 watch 监听路由的变化，其中，route.path 表示获取路由路径。

保存上述代码，在浏览器中访问 http://127.0.0.1:5173/，依次单击子路由链接"tab1"和"tab2"，监听路由变化的效果如图 5-10 所示。

图5-10　监听路由变化的效果

由图 5-10 可知，单击"tab1"链接时，监听到的路由路径为/about/tab1；单击"tab2"链接时，监听到的路由路径为/about/tab2。

5.5.2　获取动态路径参数值

5.5.1 小节讲解了动态路由的概念，以及动态路径参数的使用方法，那么如何获取动态路径参数值呢？下面将通过实际操作的方式演示 2 种获取参数值的方法，分别是使用 $route.params 获取参数值、使用 props 获取参数值。

1. 使用$route.params 获取参数值

在组件中使用$route.params 可以获取参数值。假设在 Movie 组件中有"电影 1""电影 2""电影 3"这 3 个链接，单击它们会跳转到同一个 MovieDetails 组件，并展示对应的电影 id，用于区分不同 id 对应的详情页的数据，具体步骤如下。

① 新建 src\components\Movie.vue 文件，在该文件中定义 3 个路由链接和路由视图，具体代码如下。

```
1  <template>
2    <div class="movie-container">
3      <router-link to="/movie/1">电影 1</router-link>
4      <router-link to="/movie/2">电影 2</router-link>
5      <router-link to="/movie/3">电影 3</router-link>
6      <router-view></router-view>
7    </div>
8  </template>
9  <style>
10 .movie-container {
11   min-height: 150px;
12   background-color: #f2f2f2;
13 }
14 .movie-container a {
15   padding: 0 5px;
16   font-size: 18px;
17   border: 1px solid #ccc;
18   border-radius: 5px;
19   color: #000;
20   margin: 0 5px;
21 }
22 </style>
```

在上述代码中，第 3~5 行代码使用 to 属性定义 3 个路由链接；第 6 行代码定义了路由视图。

② 修改 src\App.vue 文件，在"关于"路由链接下方补充定义"电影"路由链接，具体代码如下。

```
<router-link to="/movie">电影</router-link>
```

上述代码使用<router-link>标签定义路由链接，to 属性指定目标地址为"/movie"。

③ 创建 src\components\MovieDetails.vue 文件，使用$route.params.id 获取参数 id 的值，具体代码如下。

```
1  <template>
2    <p>电影{{ $route.params.id }}页面</p>
3  </template>
```

在上述代码中，第 2 行代码使用$route.params.id 获取动态匹配的 id 参数的值。

④ 修改 src\router.js 文件，在 routes 中添加路由匹配规则，具体代码如下。

```
1  routes: [
2    { path: '/', redirect: '/movie'},
3    此处省略了/home 和/about 的路由代码
4    {
5      path: '/movie',
6      component: () => import ('./components/Movie.vue'),
7      children: [
8        { path: ':id', component: () => import ('./components/movieDetails.vue') }
9      ]
10   }
11 ]
```

在上述代码中，第 2 行代码将页面重定向到"/movie"路径；第 4～10 行代码设置 Movie 组件的路由匹配规则，其中，第 8 行代码使用":id"声明动态参数，对应的组件为 MovieDetails。

保存上述代码，在浏览器中访问 http://127.0.0.1:5173/。Movie 组件的初始页面效果如图 5-11 所示。

图5-11　Movie组件的初始页面效果

单击"电影 1"链接，跳转到 MovieDetails 组件，效果如图 5-12 所示。

图5-12　跳转到MovieDetails组件

从图 5-12 可以看出，浏览器地址栏中的 Hash 值变为 "/movie/1"，页面中显示"电影 1 页面"，说明成功获取到传递的参数值。

2．使用 props 获取路由参数值

为了简化路由参数的获取形式，Vue Router 允许在路由匹配规则中开启 props 传参。下面使用 props 获取路由参数值，具体步骤如下。

① 修改 src\components\MovieDetails.vue 文件，使用 props 接收路由规则中匹配到的参数，具体代码如下。

```
1  <template>
2    <p>电影{{ id }}页面</p>
3  </template>
4  <script setup>
5  const props = defineProps({
6    id: String
7  })
8  </script>
```

在上述代码中，第 2 行代码用于在页面中显示 id 值；第 5 ~ 7 行代码使用 props 接收路由规则中匹配到的参数 id。

② 在 src\router.js 文件中，为 ":id" 路径的路由开启 props 传参，具体代码如下。

```
{ path: ':id', component: () => import ('./components/movieDetails.vue'), props: true }
```

在上述代码中，添加了 props 为 true 的属性，表示开启 props 传参。

以上 2 种获取参数值的方式实现了相同的效果，读者可参考图 5-11 和图 5-12 进行测试。

5.6　命名路由

使用路由时，一般会先在 routes 属性中配置路由匹配规则，然后在页面中使用 <router-link>的 to 属性跳转到指定目标地址。但这种方式存在一些弊端，例如，当目标地址比较复杂时，不便于记忆；当地址发生变化时，需要同步修改所有使用了该地址的代码，会增加开发的工作量。为此，Vue Router 提供了命名路由。

在定义路由匹配规则时，使用 name 属性为路由匹配规则定义路由名称，即可实现命名路由。当路由匹配规则有了路由名称后，在定义路由链接或执行某些跳转操作时，可以直接通过路由名称表示相应的路由，不再需要通过路由路径表示相应的路由。

使用命名路由的语法格式如下。

```
{ path: '路由路径', name: '路由名称', component: 组件 }
```

在上述语法格式中，使用 name 属性为当前的路由规则定义了一个名称。需要注意的是，命名路由的 name 属性值不能重复，必须保证是唯一的。

在<router-link>标签中使用命名路由时，需要动态绑定 to 属性的值为对象。当使用对象作为 to 属性的值时，to 前面要加一个冒号，表示使用 v-bind 指令进行绑定。在对象中，通过 name 属性指定要跳转到的路由名称，使用 params 属性指定跳转时携带的路由参数，语法格式如下。

```
<router-link :to="{ name: 路由名称, params: { 参数名: 参数值 } }"></router-link>
```

在上述语法格式中，name 用于指定路由名称；params 为可选项，用于传递参数值。

接下来通过实际操作的方式演示如何使用命名路由，具体步骤如下。

① 在 src\components\Home.vue 文件中的<router-link>标签中动态绑定 to 属性的值，指定要跳转到的路由名称，并传递参数，具体代码如下。

```
1  <template>
2    <div class="home-container">
3      <h3>Home 组件</h3>
4      <router-link :to="{ name: 'MovieDetails', params: { id: 3 } }">跳转到MovieDetails
组件</router-link>
5    </div>
6  </template>
```

在上述代码中，第 4 行代码将 name 属性的值设为 MovieDetails，表示要跳转到名称为 MovieDetails 的路由，使用 params 属性传递了 id 参数，参数值为 3。

② 在 src\router.js 文件中，将 ":id" 路径的路由名称定义为 MovieDetails，具体代码如下。

```
{ path: ':id', name: 'MovieDetails', component: () => import ('./components/
movieDetails.vue'), props: true }
```

在上述代码中，通过 name 属性定义路由名称为 MovieDetails。

保存上述代码，在浏览器中访问 http://127.0.0.1:5173/，单击"首页"链接后的页面效果如图 5-13 所示。

图5-13　单击"首页"链接后的页面效果

单击"跳转到 MovieDetails 组件"链接后的页面效果如图 5-14 所示。

图5-14　单击"跳转到MovieDetails组件"链接后的页面效果

从图 5-14 可以看出，在<router-link>标签中使用命名路由成功实现了路由跳转。

5.7　编程式导航

在 Vue 中，页面有两种导航方式，分别是声明式导航和编程式导航。其中，使用<router-link>标签定义导航链接的方式属于声明式导航，前面已经介绍过；而编程式导航是先通过 useRouter( )函数获取全局路由实例，然后通过调用全局路由实例实现导航。本节将详细讲解编程式导航的使用。

Vue Router 提供了 useRouter( )函数，使用它可以获取全局路由实例，示例代码如下。

```
1 <script setup>
2 import { useRouter } from 'vue-router'
3 const router = useRouter()
4 </script>
```

全局路由实例常用的方法有 push( )方法、replace( )方法和 go( )方法，下面分别进行讲解。

1. push()方法

push( )方法会向历史记录中添加一个新的记录，以编程方式导航到一个新的 URL。当用户单击浏览器中的后退按钮时，会回到之前的 URL。

push( )方法的参数可以是一个字符串路径，或者一个描述地址的对象，示例代码如下。

```
 1 // 字符串路径
 2 router.push('/about/tab1')
 3 // 带有路径的对象
 4 router.push({ path: '/about/tab1' })
 5 // 命名路由
 6 router.push({ name: 'user', params: { userId: '123'} })
 7 // 带查询参数，如/user?id=1
 8 router.push({ path: '/user', query: { id: '1' } })
 9 // 带有 Hash 值，如/user#admin
10 router.push({ path: '/user', hash: '#admin' })
```

上述规则也适用于<router-link>的 to 属性。

如果在参数的对象中提供了 path，则 params 会被忽略。为了传递参数，需要提供路由的 name 或者手动拼接带有参数的 path，示例代码如下。

```
1 const id = '123'
2 router.push({ name: '/user', params: { userId } })    // 跳转到/user/123
3 router.push({ path: `/user/${userId}` })              // 跳转到/user/123
4 // 以下是 params 不生效的情况
5 router.push({ path: '/user', params: { userId } })    // 跳转到/user
```

接下来通过实际操作的方式演示 push( )方法的使用。实现单击 Home 组件的"跳转到 MovieDetails 组件"链接跳转到 MovieDetails 组件，并在页面中获取 id 值，具体实现步骤如下。

① 修改 src\components\Home.vue 文件，定义一个按钮，用于跳转到 MovieDetails 组件，并传递参数，具体代码如下。

```
1 <template>
2   <div class="home-container">
3     <h3>Home 组件</h3>
4     <a href="#" @click.prevent="gotoMovie(3)">跳转到 MovieDetails 组件</a>
```

```
5     </div>
6   </template>
```

② 在 src\components\Home.vue 文件中编写 gotoMovie( )方法，调用 router.push( )方法实现路由跳转，需要设置要跳转到的路由名称和携带的路由参数，具体代码如下。

```
1  <script setup>
2  import { useRouter } from 'vue-router'
3  const router = useRouter()
4  const gotoMovie = movieId => {
5    router.push({
6      name: 'MovieDetails',
7      params: { id: movieId }
8    })
9  }
10 </script>
```

在上述代码中，第 6 行代码使用 name 属性设置要跳转到的路由名称为 MovieDetails；第 7 行代码使用 params 属性设置传递的参数 id。

保存上述代码，在浏览器中访问 http://127.0.0.1:5173/，读者可参考图 5-13 和图 5-14 进行测试，效果相同。

2. replace()方法

replace( )方法与 push( )方法类似，都是以编程方式导航到一个新的 URL。两者的区别在于，replace( )方法在导航后不会向历史记录中添加新的记录，而是会替换历史记录中的当前记录。另外，在声明式导航中，为<router-link>标签添加 replace 属性也能实现与 replace( )方法类似的效果，示例代码如下。

```
// 编程式导航
router.replace({ path: '/user' })
<!-- 声明式导航 -->
<router-link :to="{ path: '/user' }" replace></router-link>
```

3. go()方法

go( )方法用于实现前进或后退的效果，其参数表示历史记录中前进或后退的步数，类似于 window.history.go( )，相应的地址栏也会发生改变。例如，go(1)表示前进一条记录；go(-1)表示后退一条记录。

接下来通过实际操作的方式演示 go( )方法的使用。实现单击 MovieDetails 组件的"后退"按钮后返回到 Home 组件的效果，具体实现步骤如下。

① 修改 src\components\MovieDetails.vue 文件，在该文件中定义一个按钮，用于后退到上一个组件，具体代码如下。

```
1  <template>
2    <p>电影{{id}}页面</p>
3    <button @click="goBack">后退</button>
4  </template>
```

在上述代码中，第 3 行代码为"后退"按钮绑定单击事件，事件方法为 goBack( )。

② 在 src\components\MovieDetails.vue 文件中编写 goBack( )方法，具体代码如下。

```
1  import { useRouter } from 'vue-router'
2  const router = useRouter()
3  const goBack = () => {
4    router.go(-1)
5  }
```

在上述代码中,第 3 ~ 5 行代码定义了 goBack( )方法,其中,第 4 行代码调用 router.go(-1)方法实现后退效果。

保存上述代码,在浏览器中访问 http://127.0.0.1:5173/。先单击"首页"链接切换到首页,然后单击"跳转到 MovieDetails 组件",查看添加了"后退"按钮的页面效果,如图 5-15 所示。

图5-15　添加了"后退"按钮的页面效果

单击"后退"按钮后,会返回到首页,与图 5-13 所示的页面相同。

5.8　导航守卫

在大多数后台应用中,通常需要用户登录后才可以使用核心功能。例如,访问后台主页时,需要用户处于已登录状态,如果没有登录,则跳转到登录页面。用户在登录页面进行登录操作,若登录成功,则跳转到后台主页;若登录失败,则返回登录页面。为了控制路由的访问权限,可以用导航守卫来实现。下面演示在登录功能中使用导航守卫的效果,如图 5-16 所示。

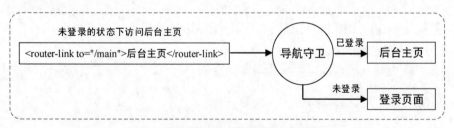

图5-16　在登录功能中使用导航守卫的效果

导航守卫主要分为全局导航守卫、导航独享守卫和组件导航守卫,简要介绍如下。

● 全局导航守卫:包括全局前置守卫 beforeEach( )和全局后置守卫 afterEach( ),在路由即将改变前和改变后进行触发。

● 导航独享守卫:目前只有 beforeEnter( )守卫,只有在路由导航到一个不同的页面时才会被触发,beforeEnter( )守卫只适用于单个路由。

● 组件导航守卫：包括 beforeRouteEnter( )、beforeRouteUpdate( )、beforeRouteLeave( ) 3 个守卫。其中，beforeRouteEnter( ) 守卫在路由进入之前被触发；beforeRouteUpdate( ) 守卫在路由更新之前被触发；beforeRouteLeave( ) 守卫在路由离开之前被触发。

在实际开发中，全局导航守卫比较常用，下面主要讲解全局导航守卫的定义和使用。

全局导航守卫会拦截每个路由规则，从而对每个路由进行访问权限的控制，定义全局导航守卫的示例代码如下。

```
const router = createRouter()
router.beforeEach((to, from, next) => {})
router.afterEach((to, from, next) => {})
```

在上述代码中，调用 beforeEach( ) 方法定义了全局前置守卫，调用 afterEach( ) 方法定义了全局后置守卫。每个全局导航守卫方法中接收 3 个形参：to、from 和 next。其中，to 表示目标路由对象；from 表示当前导航正要离开的路由对象；next 为函数。如果不接收 next( ) 函数，则默认允许用户访问每一个路由；如果接收了 next( ) 函数，则必须调用 next( ) 函数，否则不允许用户访问任何一个路由。

除此之外，next( ) 函数具有 3 种调用方式，分别为 next( )、next(false) 和 next('/')。其中，next( ) 表示执行下一个钩子函数；next(false) 表示强制停留在当前页面；next('/') 表示跳转到其他地址。

接下来通过实际操作的方式演示全局导航守卫的使用，实现当进入MovieDetails组件时，判断当前用户是否登录，如果没有登录则跳转到登录页面，如果已登录则跳转到电影详情页面，具体步骤如下。

① 新建 src\components\Login.vue 文件，实现登录页面内容，具体代码如下。

```
1  <template>
2    <div class="login-container">
3      登录页面
4    </div>
5  </template>
```

② 在 src\router.js 文件的 routes 中添加路由匹配规则，通过 name 属性定义 Login 组件路由规则的名称，具体代码如下。

```
{ path: '/login', name: 'Login', component: () => import ('./components/Login.
vue') }
```

③ 在 src\router.js 文件中，在最后一行代码 "export default router" 的上一行位置注册全局导航守卫，具体代码如下。

```
1  router.beforeEach((to, from, next) => {
2    let isLogin = false
3    if (to.name == 'MovieDetails') {
4      if (isLogin) {
5        next()
6      } else {
7        next({ name: 'Login' })
8      }
9    } else {
10     next()
11   }
12 })
```

在上述代码中，第 2 行代码定义变量 isLogin 为 false，表示当前处于未登录状态。第 3 行代码使用 if 判断路由规则名称，当 name 为 MovieDetails 时，判断 isLogin 是否为 true，如果为 true 则调用 next( )函数，否则跳转到路由规则名称为 Login 的页面；当 name 不为 MovieDetails 时，调用 next( )函数。

保存上述代码，在浏览器中访问 http://127.0.0.1:5173/，先切换到首页，然后单击"跳转到 MovieDetails 组件"链接，会显示登录页面，如图 5-17 所示。

图5-17　登录页面

从图 5-17 可以看出，当前处于登录页面，说明全局导航守卫拦截成功。

5.9　阶段案例——后台管理系统

后台管理系统只允许具备管理权限的人员登录，登录成功后，才可以对网站进行管理。后台管理系统可以让用户在网页中通过简单的操作来实现对网站的管理，用户不需要掌握复杂的编程技能即可完成管理操作。后台管理系统分为登录页面、后台首页和用户详情页，下面分别进行介绍。

1. 登录页面

后台管理系统需要登录后才可以使用，登录页面如图 5-18 所示。

图5-18　登录页面

在"登录名称"输入框中填写"admin"，在"登录密码"输入框中填写"123456"，填写后，单击"登录"按钮，登录成功后将跳转到后台首页。

2. 后台首页

后台首页用于显示后台的各种功能，如图 5-19 所示。

图5-19　后台首页

如图 5-19 所示，后台首页分为头部区域、左侧边导航部分和右侧内容部分。默认显示用户管理页面的内容，该页面包含一个 5 行 4 列的用户管理表格，用于管理用户的编号、姓名、等级，在"操作"列可以单击"详情"链接来查看用户的详情。

3. 用户详情页

单击图 5-19 所示的"详情"链接会跳转到用户详情页面，并传递用户编号值。例如，单击编号为 1 的"详情"链接后，用户详情页面如图 5-20 所示。

图5-20　用户详情页面

从图 5-20 可以看出，当前处于用户 1 的详情页面。单击"后退"按钮可以返回到上一个页面。

读者在实现本阶段案例的过程中，要贯彻"知行合一"的思想，灵活运用编程知识和实践经验，这样才能顺利且高效地完成项目的开发。

说明：

为了方便读者练习，本书在配套源代码中提供了项目代码和开发文档。开发文档中有详细的操作步骤和代码讲解，读者可以根据开发文档进行学习。

本章小结

本章对路由相关知识进行了详细讲解，首先介绍了路由的基本概念；接着讲解了 Vue Router 的安装和基本使用；然后讲解了 Vue Router 的高级使用，包括路由重定向、嵌套路由、动态路由、命名路由、编程式导航和导航守卫；最后综合路由的相关知识讲解阶段案例"后台管理系统"。通过本章的学习，读者能够将所学技术运用到实际项目开发中。

课后习题

一、填空题

1. Vue Router 提供了 Hash 模式和_____模式实现前端路由。

2. 在动态路由中，动态路径参数以_____开头。

3. 在路由匹配规则中，通过_____属性可以定义子路由匹配规则。

4. Hash 模式通过 URL 中的_____符号，实现不同组件之间的切换。

5. 命名路由是通过_____属性为路由规则定义路由名称。

二、判断题

1. Vue Router 中提供了默认的 routers-link-active 类名为激活的路由链接设置高亮的样式。（　　　）

2. Vue Router 提供的导航守卫可以控制路由的访问权限。（　　　）

3. Vue Router 中可以在路由匹配规则中使用 redirect 属性设置路由重定向。（　　　）

4. 在 Vue 中，页面有两种导航方式，分别是声明式导航和嵌套式导航。（　　　）

5. 在 Vue 中，路由视图使用<router-link>标签定义。（　　　）

三、选择题

1. 下列选项中,关于 Vue Router 全局前置守卫 beforeEach( )方法的说法错误的是（　　　）。

A. beforeEach( )方法中接收 to、from、next 形参

B. beforeEach( )方法中 to 参数表示目标路由对象

C. beforeEach( )方法中 from 参数表示当前导航正要离开的路由对象

D. beforeEach( )方法中若省略 next 参数，则不允许用户访问任何一个路由

2. 下列选项中，vue-router 的安装命令正确的是（　　　）。

A. yarn add vue-router@4　　　　　　　　B. node install vue-router@4

C. npm Install vueRouter@4　　　　　　　D. npm I vue-router@4

3. 下列选项中，关于前、后端路由的说法错误的是（　　　）。

A. 前端路由的整个过程发生在浏览器端

B. 后端路由的整个过程发生在服务器端

C. Node.js 环境中的 Express 框架中的路由属于后端路由

D. Vue 中的路由属于后端路由

4. 下列选项中，关于编程式导航的说法错误的是（　　）。

A. router.go( )方法的参数是一个整数，表示历史记录中向前或后退的步数

B. router.go( )类似于 window.history.go( )

C. router.go(1)表示向前移动一条记录

D. router.go(-1)表示向后移动两条记录

5. 下列选项中，关于命名路由的说法错误的是（　　）。

A. 命名路由通过 name 属性定义路由规则的名称

B. 命名路由的 name 属性值可以重复

C. <router-link>标签的 to 属性用于跳转到指定目标地址

D. 在声明式导航中使用命名路由时，如<router-link :to="{对象}">，则对象中可以使用 params 属性指定跳转时携带的路由参数

四、简答题

1. 请简述如何实现路由重定向。

2. 请简述 router.push( )和 router.go( )的区别。

3. 请简述导航守卫中全局前置守卫参数 to、from、next 的含义。

五、操作题

使用编程式导航实现页面的跳转，当单击按钮时，跳转到另一个组件中，并携带传递的参数。

第 **6** 章

常用UI组件库

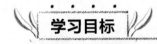
学习目标

★ 掌握 Element Plus 组件库的安装方法，能够独立安装、配置 Element Plus

★ 掌握 Element Plus 中常用组件的使用方法，能够实现按钮、表格、表单和菜单效果

★ 掌握 Vant 组件库的安装方法，能够独立安装、配置 Vant

★ 掌握 Vant 中常用组件的使用方法，能够实现按钮、轮播、标签页、表单、网格和标签栏效果

★ 掌握 Ant Design Vue 组件库的安装方法，能够独立安装、配置 Ant Design Vue

★ 掌握 Ant Design Vue 中常用组件的使用方法，能够实现按钮和布局效果

在前面介绍的内容中，网页的效果是通过 CSS 实现的，开发人员需要手动书写样式代码。UI 组件库的出现可以帮助开发人员直接使用组件库中提供的功能来实现想要的效果，对于前端开发来说无疑是锦上添花。UI 组件库不仅可以提高开发人员的工作效率，而且便于代码的维护，并能增强代码的规范性和唯一性。本章将详细讲解 Vue 3 中常用 UI 组件库的基本使用方法与技巧。

6.1 Element Plus 组件库

Element Plus 是一款基于 Vue 3 的面向设计师和开发者的组件库。Element Plus 组件库诞生于 2016 年，由饿了么团队开发，在开源后深受广大前端开发者的喜爱，是 Vue 生态中流行的 UI 组件库。本节将详细讲解 Element Plus 组件库的安装和常用组件的基本使用。

6.1.1 安装 Element Plus

Element Plus 是基于 Vue 3 开发的优秀的 PC 端开源 UI 组件库，它是 Element 的升级版，对于习惯使用 Element 的人员来说，在学习 Element Plus 时，不用花费太多的时间。因为 Vue 3 不再支持 IE 11，所以 Element Plus 也不再支持 IE 11 及更低的 IE 版本。

使用 npm 或 yarn 包管理工具可以安装 Element Plus，具体命令如下。

```
# 使用 npm 包管理工具安装
npm install element-plus --save
# 使用 yarn 包管理工具安装
yarn add element-plus --save
```

接下来通过实际操作演示如何在 Vue 3 项目中安装 Element Plus，具体步骤如下。

① 打开命令提示符，切换到 D:\vue\chapter06 目录，使用 yarn 创建一个名称为 ui-component 的项目，具体命令如下。

```
yarn create vite ui-component --template vue
```

在上述命令中，ui-component 表示项目名称。

在命令提示符中，切换到 ui-component 目录，为项目安装所有依赖，具体命令如下。

```
cd ui-component
yarn
```

② 执行完上述命令后，在 ui-component 目录下使用 yarn 安装 Element Plus，具体命令如下。

```
yarn add element-plus@2.2.19 --save
```

③ 使用 VS Code 编辑器打开 ui-component 目录。

④ 在 src\main.js 文件中，导入并挂载 Element Plus 模块，具体代码如下。

```
1  import { createApp } from 'vue'
2  import './style.css'
3  import ElementPlus from 'element-plus'
4  import 'element-plus/dist/index.css'
5  import App from './App.vue'
6  const app = createApp(App)
7  app.use(ElementPlus)
8  app.mount('#app')
```

在上述代码中，第 3 行代码用于导入 ElementPlus 模块；第 4 行代码用于引入样式文件 index.css；第 7 行代码用于使用 app.use( )方法挂载 ElementPlus 模块。

⑤ 执行命令启动服务，具体命令如下。

```
yarn dev
```

项目启动后，会默认开启一个本地服务，地址为 http://127.0.0.1:5173/。

至此，Element Plus 组件库安装完成。

6.1.2　Element Plus 中的常用组件

Element Plus 组件库中的组件主要包括基础组件、配置组件、表单组件、数据展示组件、导航和反馈组件以及其他组件。每个组件类别又进行了细分，例如，基础组件包含 Button 组件、Border 组件、Container 组件等；表单组件包含 Form 组件、Input 组件等。由于篇幅有限，本小节仅对 Element Plus 中常用的 Button 组件、Table 组件、Form 组件和 Menu 组件进行讲解。

1. Button 组件

Button 组件使用<el-button>标签定义，在<el-button>标签中可以通过 type、plain、round 和 circle 属性设置按钮的样式。

<el-button>标签的常用属性如表 6-1 所示。

表 6-1　<el-button>标签的常用属性

属性名	属性值	描述
type	primary	主要按钮
	success	成功按钮

续表

属性名	属性值	描述
type	Info	一般提示信息按钮
	warning	警告按钮
	danger	危险按钮
plain	true 或 false	是否为朴素按钮，默认值为 false
round	true 或 false	是否为圆角按钮，默认值为 false
disabled	true 或 false	是否为禁用按钮，默认值为 false
link	true 或 false	是否为链接按钮，默认值为 false
circle	true 或 false	是否为圆形按钮，默认值为 false

在上述属性中，如果需要设置 plain、round 或 circle 的属性值为 true，可以写成 ":属性名="true"" 或 "属性名" 的形式。以 round 为例，示例代码如下。

```
<!-- 方式 1 -->
<el-button type="primary" :round="true">Primary</el-button>
<!-- 方式 2 -->
<el-button type="primary" round>Primary</el-button>
```

以上两种方式实现的效果相同。

如果需要设置 plain、round 或 circle 的属性值为 false，可以写成 ":属性名="false"" 的形式，或直接省略这些属性。

为了帮助读者更好地理解上述常用属性的使用，接下来通过实际操作的方式演示基础的按钮效果，具体步骤如下。

① 创建 src\components\Button.vue 文件，具体代码如下。

```
1  <template>
2    <el-row class="mb-4">
3      <el-button>Default</el-button>
4      <el-button type="primary">Primary</el-button>
5      <el-button type="success">Success</el-button>
6      <el-button type="info">Info</el-button>
7      <el-button type="warning">Warning</el-button>
8      <el-button type="danger">Danger</el-button>
9    </el-row>
10   <el-row class="mb-4">
11     <el-button plain>Plain</el-button>
12     <el-button type="primary" plain>Primary</el-button>
13     <el-button type="success" plain>Success</el-button>
14     <el-button type="info" plain>Info</el-button>
15     <el-button type="warning" plain>Warning</el-button>
16     <el-button type="danger" plain>Danger</el-button>
17   </el-row>
18   <el-row class="mb-4">
19     <el-button round>Round</el-button>
20     <el-button type="primary" round>Primary</el-button>
21     <el-button type="success" round>Success</el-button>
22     <el-button type="info" round>Info</el-button>
23     <el-button type="warning" round>Warning</el-button>
24     <el-button type="danger" round>Danger</el-button>
```

```
25  </el-row>
26 </template>
```

在上述代码中，第2~9行代码用于演示type属性的使用；第10~17行代码用于演示type属性和plain属性的结合使用；第18~25行代码用于演示type属性和round属性的结合使用。

② 修改 src\main.js 文件，切换页面中显示的组件，具体代码如下。

```
import App from './components/Button.vue'
```

保存上述代码，在浏览器中查看Element Plus的按钮效果，如图6-1所示。

图6-1　Element Plus的按钮效果

Btton 组件除了可以实现上述基础按钮效果外，还可以实现链接按钮和禁用按钮的效果，下面演示链接按钮和禁用按钮的使用。

① 创建 src\components\Button2.vue 文件，编写如下代码。

```
1  <template>
2    <el-row class="mb-4">
3     <el-button link>Round</el-button>
4     <el-button type="primary" link :disabled="false">Primary</el-button>
5     <el-button type="success" link :disabled="true">Success</el-button>
6     <el-button type="info" link>Info</el-button>
7     <el-button type="warning" link>Warning</el-button>
8     <el-button type="danger" link>Danger</el-button>
9    </el-row>
10 </template>
```

在上述代码中，使用link属性定义按钮为链接按钮样式，其中，第4行代码绑定disabled属性的值为false，表示不禁用按钮；第5行代码绑定disabled属性的值为true，表示禁用按钮。

② 修改 src\main.js 文件，切换页面中显示的组件，具体代码如下。

```
import App from './components/Button2.vue'
```

在上述代码中，导入components目录下的Button2.vue文件，使Button2.vue作为主组件。

保存代码，在浏览器中查看Element Plus的链接按钮和禁用按钮效果，如图6-2所示。

图6-2　Element Plus的链接按钮和禁用按钮效果

在图 6-2 所示的页面上展示了链接按钮样式和禁用按钮样式，当鼠标指针停放在"Success"上时，会出现禁用图标。

2. Table 组件

Element Plus 组件库提供了 Table 组件，用于展示多条结构类似的数据，例如工资表、课程表和计划表等，可以对数据进行排序、筛选、对比或其他自定义操作。

Table 组件使用<el-table>标签定义，在该标签中绑定 data 对象数组后，在<el-table-column>中使用 prop 属性对应对象中的键名，即可将数据添加到表格中；使用 label 属性可以定义表格的列名，使用 width 属性可以定义表格的宽度。

<el-table>标签的常用属性如表 6-2 所示。

表 6-2   <el-table>标签的常用属性

属性名	描述
data	显示的数据
stripe	是否加斑马线，默认值为 false
border	是否带有纵向边框，默认值为 false

为了帮助读者更好地理解上述常用属性的使用，接下来通过实际操作的方式演示基础的表格效果，具体步骤如下。

① 创建 src\components\Table.vue 文件，具体代码如下。

```
1  <template>
2    <el-table :data="tableData" stripe border style="width: 100%">
3      <el-table-column prop="date" label="日期" width="180" />
4      <el-table-column prop="name" label="姓名" width="180" />
5      <el-table-column prop="address" label="住址" width="300" />
6    </el-table>
7  </template>
8  <script setup>
9  const tableData = [
10   {
11     date: '2023-02-03',
12     name: '王五',
13     address: '北京市海淀区'
14   },
15   {
16     date: '2023-03-02',
17     name: '王六',
18     address: '北京市昌平区'
19   },
20   {
21     date: '2023-05-04',
22     name: '张三',
23     address: '北京市丰台区'
24   },
25   {
26     date: '2023-05-01',
27     name: '李四',
```

```
28    address: '北京市大兴区'
29  }
30 ]
31 </script>
```

在上述代码中，第2行代码绑定 data 数组对象 tableData；第9~30行代码定义 tableData 数组对象。其中第3~5行代码使用prop属性分别设置tableData中的键名date、name 和 address。

② 修改 src\main.js 文件，切换页面中显示的组件，具体代码如下。

```
import App from './components/Table.vue'
```

保存代码，在浏览器中查看 Element Plus 的表格效果，如图 6-3 所示。

图6-3　Element Plus的表格效果

3. Form 组件

大多数的网站中都涉及表单的应用，例如登录和注册页面。Element Plus 组件库提供了 Form 组件，该组件采用 Flex 布局，用于收集、验证和提交数据。基础的表单包含输入框、单选框、下拉选择框、多选框等组件。

Form 组件使用<el-form>标签定义，在该标签中使用<el-form-item>作为输入项的容器，用于获取值和验证值。

<el-form>标签的常用属性如表 6-3 所示。

表6-3　<el-form>标签的常用属性

属性名	描述
inline	行内表单模式，默认值为 false，表示垂直表单模式
label-position	表单域标签的位置，默认值为 right（标签右对齐），left 表示标签左对齐，top 表示标签位于表单域的顶部
model	表单数据对象

当label-position属性设置为left或right时，需要设置label-width属性，否则label-position属性不生效。

为了帮助读者更好地理解上述常用属性的使用，接下来通过实际操作的方式演示基础的表单效果，具体步骤如下。

① 创建 src\components\Form.vue 文件，在 Element Plus 官方文档中找到 Form 组件的相关代码，复制部分核心代码到当前文件中，具体代码如下。

```
1  <template>
2    <el-form :model="form" label-width="80px" label-position="left">
3      <el-form-item label="用户名：">
4        <el-input v-model="form.name" />
5      </el-form-item>
6      <el-form-item label="密码：">
7        <el-input v-model="form.pass" type="password" autocomplete="off" />
8      </el-form-item>
9      <el-form-item>
10       <el-button type="primary">提交</el-button>
11       <el-button>重置</el-button>
12     </el-form-item>
13   </el-form>
14 </template>
15 <script setup>
16 import { reactive } from 'vue'
17 const form = reactive({
18   pass:'',
19   name: ''
20 })
21 </script>
```

在上述代码中，第 2 行代码用于绑定 model 数组对象 form；第 4 行代码使用 v-model 指令绑定 form 数组对象中的键名 name；第 7 行代码使用 v-model 指令绑定 form 数组对象中的键名 pass；第 17 ~ 20 行代码用于定义 form 数组对象。

② 修改 src\main.js 文件，切换页面中显示的组件，具体代码如下。

```
import App from './components/Form.vue'
```

保存上述代码，在浏览器中查看 Element Plus 的表单效果，如图 6-4 所示。

图6-4　Element Plus的表单效果

表单默认为垂直表单，若想实现行内表单，可以修改上述第 2 行代码，为<el-form>标签添加 inline 属性，使表单元素并列显示，示例代码如下。

```
<el-form inline :model="form" label-width="80px" label-position="left">
```

保存上述代码，在浏览器中查看表单内容横向排列的效果，如图 6-5 所示。

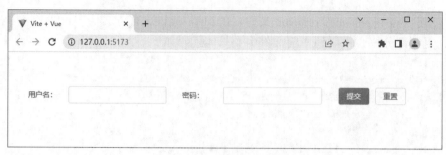

图6-5　表单内容横向排列的效果

以上讲述了如何使用 Element Plus 中的 Form 组件实现了一个登录页面的效果。在开发登录页面时，数据会涉及用户的个人信息，如用户名和密码等。我们必须高度重视个人信息的安全，遵守相关法律法规，保护用户的个人信息不被泄露。

4. Menu 组件

导航栏是网页设计中不可或缺的一部分，通常应用于页面的顶部，可以帮助用户快速找到他们想要访问的内容。例如，导航栏可以实现页面之间的跳转。Element Plus 组件库提供了 Menu 组件，用于为网站提供导航功能。

Menu 组件使用<el-menu>标签定义，在该标签中包含<el-menu-item>和<sub-menu>标签。其中，<el-menu-item>为菜单项，可以放在<el-menu-item>标签和<sub-menu>标签中；<sub-menu>为子菜单标签。菜单默认为垂直模式，通过将 mode 属性值设为 horizontal，可以将导航菜单变更为水平模式。

<el-menu>标签的常用属性如表 6-4 所示。

表 6-4　<el-menu>标签的常用属性

属性名	描述
mode	菜单展示模式，默认值为 vertical（垂直模式），horizontal 表示菜单为水平模式
collapse	是否水平折叠并收起菜单，默认值为 false
background-color	菜单的背景色
text-color	菜单的文字颜色，默认值为#303133
active-text-color	当前激活菜单的文字颜色，默认值为#409EFF
default-active	页面加载时默认激活菜单的 index 属性

collapse 属性只有在 mode 为 vertical 时可用。

为了帮助读者更好地理解上述常用属性的使用，接下来通过实际操作的方式演示顶部菜单栏效果，具体步骤如下。

① 创建 src\components\Menu.vue 文件，具体代码如下。

```
1  <template>
2    <el-menu
3      :default-active="activeIndex"
4      class="el-menu-demo"
5      mode="horizontal"
6      background-color="#545c64"
7      text-color="#fff"
8      active-text-color="#ffd04b">
9      <el-menu-item index="1">首页</el-menu-item>
```

```
10    <el-sub-menu index="2">
11     <template #title>我的</template>
12     <el-menu-item index="2-1">计划 1</el-menu-item>
13     <el-menu-item index="2-2">计划 2</el-menu-item>
14     <el-menu-item index="2-3">计划 3</el-menu-item>
15     <el-sub-menu index="2-4">
16       <template #title>计划 4</template>
17       <el-menu-item index="2-4-1">任务 1</el-menu-item>
18       <el-menu-item index="2-4-2">任务 2</el-menu-item>
19       <el-menu-item index="2-4-3">任务 3</el-menu-item>
20     </el-sub-menu>
21    </el-sub-menu>
22    <el-menu-item index="3" disabled>信息</el-menu-item>
23    <el-menu-item index="4">联系</el-menu-item>
24  </el-menu>
25 </template>
26 <script setup>
27 import { ref } from 'vue'
28 const activeIndex = ref('1')
29 </script>
30 <style>
31 .el-menu-vertical-demo {
32   width: 200px;
33 }
34 </style>
```

在上述代码中，第 5 行代码设置 mode 值为 horizontal，表示菜单为水平模式；第 6 行代码设置菜单背景色；第 7 行代码设置菜单文字颜色；第 8 行代码设置当前激活菜单的文字颜色；第 9 行代码为<el-menu-item>设置 index 属性，表示唯一标志；第 11 行代码中<template #title>等价于<template v-slot:title>；第 22 行代码添加 disabled 属性，表示禁用该菜单项。

② 修改 src\main.js 文件，切换页面中显示的组件，具体代码如下。

```
import App from './components/Menu.vue'
```

③ 修改 src\main.js 文件，对导入 style.css 的代码进行注释，以免其影响 Menu 组件的样式效果，具体代码如下。

```
// import './style.css'
```

保存上述代码，在浏览器中查看 Element Plus 顶部菜单栏效果，如图 6-6 所示。

图6-6　Element Plus顶部菜单栏效果

图 6-6 展示了顶部菜单栏，若想实现垂直菜单栏效果，可以修改上述代码，将第 4 行

代码 class 的值改为 el-menu-vertical-demo，将第 5 行代码 mode 的值改为 vertical。

保存代码，在浏览器中查看 Element Plus 垂直菜单栏效果，单击"我的"菜单项，会显示折叠的子菜单信息，如图 6-7 所示。

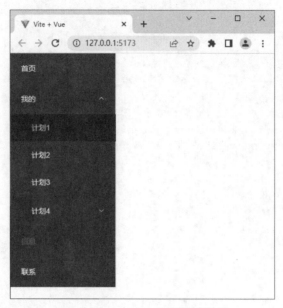

图6-7　Element Plus垂直菜单栏效果

6.2　Vant 组件库

Vant 是一个轻量级的、可靠的移动端组件库，于 2017 年开源。目前 Vant 官方提供了对 Vue 2、Vue 3 和微信小程序的支持。本节将详细讲解 Vant 的安装和常用组件的基本使用。

6.2.1　安装 Vant

使用 npm 或 yarn 可以安装 Vant，具体命令如下。

```
# 使用 npm 包管理工具安装
npm install vant --save
# 使用 yarn 包管理工具安装
yarn add vant --save
```

上述命令展示了使用两种包管理工具安装 Vant 的方法，在使用时任选其一即可。

接下来通过实际操作在 Vue 3 项目中使用 yarn 安装 Vant，具体步骤如下。

① 打开命令提示符，切换到 D:\vue\chapter06 目录，使用 yarn 创建一个名称为 vant-component 的项目，具体命令如下。

```
yarn create vite vant-component --template vue
```

在上述命令中，vant-component 表示项目名称。

在命令提示符中，切换到 vant-component 目录，为项目安装所有依赖，具体命令如下。

```
cd vant-component
yarn
```

② 执行完上述命令后，在 vant-component 目录下使用 yarn 安装 Vant，具体命令如下。

```
yarn add vant@4.0.0 --save
```

③ 使用 VS Code 编辑器打开 vant-component 目录。

④ 在 src\main.js 文件中，导入并挂载 Vant 模块，示例代码如下。

```
1  import { createApp } from 'vue'
2  import './style.css'
3  import Vant from 'vant'
4  import 'vant/lib/index.css'
5  import App from './App.vue'
6  const app = createApp(App)
7  app.use(Vant)
8  app.mount('#app')
```

在上述代码中，第 3 行代码用于导入 Vant 模块；第 4 行代码用于引入 Vant 的样式文件；第 7 行代码用于使用 app.use( )方法挂载 Vant 模块。

⑤ 执行命令启动服务，具体命令如下。

```
yarn dev
```

项目启动后，会默认开启一个本地服务，地址为 http://127.0.0.1:5173/。

至此，Vant 组件库安装完成。

6.2.2　Vant 中的常用组件

前面讲解了 Vant 的安装，接下来讲解 Vant 中常用组件的使用方法，包括 Button 组件、Swipe 组件、Tab 组件、Form 组件、Grid 组件和 Tabbar 组件，具体介绍如下。

1. Button 组件

Vant 组件库提供了大量图标按钮和各种按钮样式，包括按钮的类型、按钮的形状、按钮的禁用状态和加载状态等。

Button 组件使用<van-button>标签定义，在<van-button>标签中可以通过 type、plain、hairline、disabled、loading 等属性定义按钮的样式。

<van-button>标签的常用属性如表 6-5 所示。

表 6-5　<van-button>标签的常用属性

属性名	属性值	描述
type	primary	主要按钮，蓝色
	success	成功按钮，绿色
	default（默认值）	默认按钮，白色
	warning	警告按钮，黄色
	danger	危险按钮，红色
plain	true 或 false	是否为朴素按钮，默认值为 false
hairline	true 或 false	是否为细边框，默认值为 false
disabled	true 或 false	是否为禁用按钮，默认值为 false
loading	true 或 false	是否显示为加载状态，默认值为 false
round	true 或 false	是否为圆形按钮，默认值为 false
square	true 或 false	是否为方形按钮，默认值为 false
block	true 或 false	是否为块级元素，默认值为 false

type 属性可以设置 5 种基础按钮类型，分别为 primary、success、default、warning 和 danger；plain 属性设置为 true，表示将按钮设置为朴素按钮，朴素按钮的背景为白色，文字颜色与按钮边框颜色相同；hairline 属性设置为 true，表示为按钮设置 0.5px 的细边框；disabled 属性设置为 true，表示设置按钮为禁用状态，禁用状态下按钮不可点击；loading 属性设置为 true，表示按钮将显示加载状态；round 属性设置为 true，表示按钮呈现为圆形；square 属性设置为 true，表示按钮呈现为方形；block 属性设置为 true，表示将按钮的元素类型设置为块级元素，因为按钮默认情况下是行内块级元素。

为了帮助读者更好地理解上述常用属性的使用，接下来通过实际操作的方式演示基础的按钮效果，具体步骤如下。

① 创建 src\components\Button.vue 文件，具体代码如下。

```
1  <template>
2    <van-button type="primary">主要按钮</van-button>
3    <van-button type="success" round>成功按钮</van-button>
4    <van-button type="default" disabled>默认按钮</van-button>
5    <van-button type="warning" block>警告按钮</van-button>
6    <van-button type="danger" plain hairline>危险按钮</van-button>
7    <van-button type="danger" loading loading-type="spinner" loading-text="加载
中..." />
8  </template>
9  <style scoped>
10   button{
11     margin: 3px;
12   }
13 </style>
```

在上述代码中，第 7 行代码通过 loading 属性设置加载状态，默认会隐藏按钮文字，通过 loading-text 属性设置加载状态下的文字为"加载中..."，通过 loading-type 属性设置加载图标的类型为 spinner，默认为 circular。

② 修改 src\main.js 文件，切换页面中显示的组件，具体代码如下。

```
import App from './components/Button.vue'
```

保存上述代码，在浏览器中查看 Vant 的按钮效果，如图 6-8 所示。

图6-8　Vant的按钮效果

Button 组件除了可以实现上述基础按钮效果外，还可以实现图标按钮效果。下面简单演示图标按钮的使用方法。创建 src\components\Button2.vue 文件，具体代码如下。

```
1  <template>
2    <van-button icon="circle" type="primary">基础图标</van-button>
```

```
3    <van-button icon="like" type="primary">实底风格</van-button>
4    <van-button icon="phone-o" type="primary">线框风格</van-button>
5    <van-button :icon="icon">按钮</van-button>
6  </template>
7  <script setup>
8  import icon from '../assets/user-active.png'
9  </script>
10 <style>
11 .van-button {
12   margin: 5px 1px !important;
13 }
14 </style>
```

在上述代码中，第 2~5 行代码使用<van-button>标签定义按钮，使用 type 属性设置按钮的类型，使用 icon 属性为按钮添加图标。icon 属性支持官方提供的 Icon 组件中的所有图标，也支持传入图标 URL。第 8 行代码引入了本地图片，读者可以从配套源代码中获取该图片，放到项目的 src\assets 目录中即可。

修改 src\main.js 文件，切换页面中显示的组件，示例代码如下。

```
import App from './components/Button2.vue'
```

保存上述代码，在浏览器中访问 http://127.0.0.1:5173，打开开发者工具，测试在移动设备模拟环境下 Vant 的图标按钮效果，如图 6-9 所示。

图6-9　Vant的图标按钮效果

多学一招：按钮尺寸和页面导航

使用<van-button>的 size 属性可以设置按钮的尺寸。size 取值分别为 large（大型按钮）、normal（普通按钮）、small（小型按钮）和 mini（迷你按钮），默认为 normal。

使用<van-button>的 url 属性和 to 属性可以实现页面导航，其中，url 属性可以进行 URL 跳转，to 属性可以进行路由跳转。

下面演示简单的按钮尺寸和页面导航效果。创建 src\components\Button3.vue 文件，具体代码如下。

```
1  <template>
2    <van-button type="primary" size="large">大型按钮</van-button>
3    <van-button type="primary" size="normal">普通按钮</van-button>
4    <van-button type="primary" size="small">小型按钮</van-button>
5    <van-button type="primary" size="mini">迷你按钮</van-button>
6    <van-button type="primary" url="/test.html">URL 跳转</van-button>
7    <van-button type="primary" to="目标地址">路由跳转</van-button>
8  </template>
9  <style>
```

```
10 .van-button {
11   margin: 5px 1px !important;
12 }
13 </style>
```

在上述代码中，第 2～5 行代码使用 size 属性定义按钮的大小，分别为大型按钮、普通按钮、小型按钮、迷你按钮；第 6 行代码使用 url 属性进行 URL 跳转，实现页面导航；第 7 行代码使用 to 属性进行路由跳转，实现页面导航。

修改 src\main.js 文件，切换页面中显示的组件，示例代码如下。

```
import App from './components/Button3.vue'
```

保存上述代码，在浏览器中查看 Vant 按钮尺寸和页面导航效果，如图 6-10 所示。

图6-10　Vant按钮尺寸和页面导航效果

2. Swipe 组件

Vant 组件库提供了 Swipe 组件，用于实现图片轮播效果。轮播图是页面结构中重要的组成部分，常用于网站的首页，主要用于展示页面中的活动信息，让用户不用滚动屏幕就能看到更多内容，可以最大化信息密度。

Swipe 组件使用<van-swipe>标签定义，在该标签中使用<van-swipe-item>定义每一张轮播的图片。在<van-swipe>中可以使用 autoplay 属性设置自动轮播间隔；当轮播中含有图片时，可以通过 lazy-render 属性来开启懒加载模式，从而优化网页性能。

<van-swipe>标签的常用属性如表 6-6 所示。

表6-6　<van-swipe>标签的常用属性

属性名	描述
autoplay	自动轮播间隔，单位为 ms
lazy-render	是否延迟渲染未展示的轮播，默认值为 false
vertical	是否为纵向滚动，默认值为 false
indicator-color	指示器颜色，默认值为#1989fa
duration	动画时长，单位为 ms，默认值为 500
loop	是否开启循环播放，默认值为 true

vertical 属性用于设置轮播图片是否为纵向滚动，设置 vertical 属性后滑块会纵向排列，此时需要指定滑块容器的高度。

为了帮助读者更好地理解上述常用属性的使用方法，接下来通过实际操作的方式演示一种简单的图片轮播效果，具体步骤如下。

① 创建 src\components\Swipe.vue 文件，在 Vant 官方文档中找到 Swipe 组件相关代码，

复制部分核心代码到当前文件中，具体代码如下。

```
1  <template>
2    <van-swipe :autoplay="3000" lazy-render style="width:300px;">
3      <van-swipe-item v-for="image in images" :key="image">
4        <img :src="image" />
5      </van-swipe-item>
6    </van-swipe>
7  </template>
8  <script setup>
9  const images = [
10   '/images/01.jpg',
11   '/images/02.jpg',
12   '/images/03.jpg',
13   '/images/04.jpg',
14 ]
15 </script>
16 <style>
17 .van-swipe .van-swipe-item {
18   color: #fff;
19   font-size: 20px;
20   line-height: 150px;
21   text-align: center;
22 }
23 .van-swipe-item img {
24   width: 100%;
25   height: 200px;
26   display: block;
27   box-sizing: border-box;
28   padding: 30px 60px;
29 }
30 .van-swipe__indicator{
31   background-color: black !important;
32 }
33 .van-swipe__indicator--active{
34   background-color: #1989fa !important;
35 }
36 </style>
```

在上述代码中，第 2 行代码使用 autoplay 属性设置轮播间隔为 3000ms，使用 lazy-render 属性开启了懒加载模式，加快网页的加载速度；第 3 行代码使用<van-swipe-item>标签设置轮播图片，通过 v-for 指令循环渲染 images 数组中的数据；image 表示数组中每一项元素的内容；第 4 行代码使用 "：" 绑定 src 属性的属性值为 image；第 9～14 行代码定义 images 数组对象，该数组对象为要参与循环展示的图片，图片文件需要从配套源代码中获取，将图片文件放入 public\images 目录中即可使用。

② 修改 src\main.js 文件，切换页面中显示的组件，具体代码如下。

```
import App from './components/Swipe.vue'
```

保存上述代码，在浏览器中查看图片的横向滚动效果，如图 6-11 所示。

图6-11　图片的横向滚动效果

图 6-11 所示的轮播图片默认为横向滚动，若想要图片纵向滚动，可以修改上述第 2 行代码，为<van-swipe>标签添加 vertical 属性，并设置滑块容器的高度，使轮播图片纵向排列，具体码如下。

```
<van-swipe :autoplay="3000" lazy-render vertical style="height:200px;">
```

保存上述代码，在浏览器中查看图片的纵向滚动效果，如图 6-12 所示。

图6-12　图片的纵向滚动效果

3. Tab 组件

Vant 组件库提供了 Tab 组件，用于实现标签页效果。标签页一般出现在页面的顶部或者页面中，用于在不同的内容区域之间进行切换。

Tab 组件使用<van-tabs>标签定义，在该标签中使用<van-tab>定义每一个标签项。在<van-tabs>标签中可以使用 v-model:active 绑定当前激活标签对应的索引值，默认情况下启用第一个标签，其索引值为 0。如果<van-tab>标签中指定了 name 属性，则 v-model:active 的值为<van-tab>标签的 name，此时无法通过索引值来匹配标签。

<van-tabs>标签的常用属性如表 6-7 所示。

表 6-7　<van-tabs>标签的常用属性

属性名	描述
type	样式风格类型，默认值为 line（线性），card 表示卡片
color	标签主题色，默认值为#1989fa
background	标签栏背景色，默认值为 white
ellipsis	是否省略过长的标题文字，默认值为 true
swipeable	是否开启手势左右滑动来切换，默认值为 false

当 type 属性值为 line 时，可以设置 border 属性显示标签外边框。

为了帮助读者更好地理解上述常用属性的使用方法，接下来通过实际操作的方式演示一种简单的标签页效果，具体步骤如下。

① 创建 src\components\Tab.vue 文件，具体代码如下。

```
1  <template>
2    <div style="width: 350x; text-align: center;">
3      <van-tabs v-model:active="active" swipeable type="card">
4        <van-tab title="我是标签 1 的内容">内容 1</van-tab>
5        <van-tab title="标签 2">内容 2</van-tab>
6        <van-tab title="标签 3">内容 3</van-tab>
7        <van-tab title="标签 4">内容 4</van-tab>
8      </van-tabs>
9    </div>
10 </template>
11 <script setup>
12 import { ref } from 'vue'
13 const active = ref(0)
14 </script>
```

在上述代码中，第 3 行代码设置 swipeable 属性开启手势左右滑动来切换，设置 type 属性的值为 card 以改变标签的样式风格；设置 v-model:active 的值为 active，与第 13 行代码中的 active 值相对应，表示启用索引为 0 的标签，即第 1 个标签。

② 修改 src\main.js 文件，切换页面中显示的组件，具体代码如下。

```
import App from './components/Tab.vue'
```

保存上述代码，在浏览器中查看 Vant 的标签页效果，如图 6-13 所示。

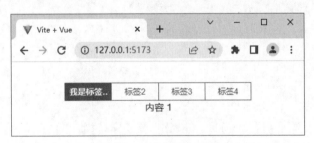

图6-13　Vant的标签页效果

第一个标签的标题内容过长，默认省略过长的标题文字，使用"…"替代。

4. Form 组件

Vant 组件库提供了 Form 组件，用于数据输入、校验，支持输入框、单选框、复选框等类型。

Form 组件使用<van-form>标签定义，该标签需要与<van-field>标签搭配使用，用户可以在输入框内输入或编辑文字。<van-field>标签内可以通过 rules 属性定义校验规则，通过 @submit 触发单击事件。

接下来通过实际操作的方式演示一种简单的表单效果，具体步骤如下。

① 创建 src\components\Form.vue 文件，在 Vant 官方文档中找到 Form 组件相关代码，复制部分核心代码到当前组件中，具体代码如下。

```
1  <template>
```

```
2    <van-nav-bar title="登录组件" />
3    <van-form @submit="onSubmit">
4      <van-cell-group inset>
5        <van-field
6          v-model="username"
7          name="用户名"
8          label="用户名"
9          placeholder="用户名"
10         :rules="[{ required: true, message: '请填写用户名' }]"
11       />
12       <van-field
13         v-model="password"
14         type="password"
15         name="密码"
16         label="密码"
17         placeholder="密码"
18         :rules="[{ required: true, message: '请填写密码' }]"
19       />
20     </van-cell-group>
21     <div style="margin: 16px;">
22       <van-button round block type="primary" native-type="submit">
23         提交
24       </van-button>
25     </div>
26   </van-form>
27 </template>
28 <script setup>
29 import { ref } from 'vue'
30 const username = ref('')
31 const password = ref('')
32 const onSubmit = values => {
33   console.log('submit', values)
34 }
35 </script>
```

在上述代码中，第 2 行代码通过 title 属性设置导航栏标题。

第 5～11 行代码用于实现用户名效果。通过 v-model 绑定 username 的值，通过 ":" 绑定 rules 属性定义 username 的校验规则，将 required 键名的值设为 true，表示若值为空，则校验不通过；将 message 键名的值设为 "请填写用户名"，表示用户名错误时的提示信息。

第 12～19 行代码用于实现密码效果。通过 v-model 绑定 password 的值，通过 ":" 绑定 rules 属性定义 password 的校验规则，将 required 键名的值设为 true，表示若值为空，则校验不通过；将 message 键名的值设为 "请填写密码"，表示密码错误时的提示信息。

② 修改 src\main.js 文件，切换页面中显示的组件，具体代码如下。

```
import App from './components/Form.vue'
```

③ 修改 src\main.js 文件，对导入 style.css 文件的代码进行注释，具体代码如下。

```
// import './style.css'
```

保存上述代码，在浏览器中查看 Vant 的表单效果，如图 6-14 所示。

图6-14 Vant的表单效果（1）

单击"提交"按钮后，会进行规则校验，如图 6-15 所示。

图6-15 Vant的表单效果（2）

当用户名为空时，会提示"请填写用户名"；当密码为空时，会提示"请填写密码"。

5. Grid 组件

Vant 组件库提供了 Grid 组件，用于实现网格效果。网格可以在水平方向上把页面分隔成等宽度的区块，一般用于同时展示多个同类项目的场景，例如微信支付页面。

Grid 组件使用<van-grid>标签定义，在该标签中使用<van-grid-item>作为每一个网格元素的容器。Grid 网格元素默认一行展示 4 个格子，可以通过 column-num 属性自定义列数；默认格子为长方形，可以通过 square 属性设置为正方形格子；默认格子之间没有间距，可以通过 gutter 属性设置格子之间的距离。

<van-grid-item>标签的常用属性如表 6-8 所示。

表 6-8　<van-grid-item>标签的常用属性

属性名	描述
icon	图标名称或图片链接，等同于 Icon 组件的 name 属性
text	图标的文字内容
to	单击后跳转的目标路由对象，等同于 vue-router 的 to 属性
url	单击后跳转的链接地址

续表

属性名	描述
dot	是否显示图标右上角小红点，默认值为 false
badge	图标右上角徽标的内容

　　为了帮助读者更好地理解上述常用属性的使用方法，接下来通过实际操作的方式演示一种基础的网格效果，具体步骤如下。

　　① 创建 src\components\Grid.vue 文件，在 Vant 官方文档中找到 Grid 组件相关代码，复制部分核心代码到当前文件中，具体代码如下。

```
1 <template>
2   <van-grid>
3     <van-grid-item icon="wap-home-o" text="首页" dot />
4     <van-grid-item icon="chat-o" text="聊天" badge="99+" />
5     <van-grid-item icon="phone-o" text="电话" />
6     <van-grid-item icon="user-o" text="我的" />
7   </van-grid>
8   <van-grid :column-num="3" square :gutter="5">
9     <van-grid-item icon="more-o" text="文字">
10     <van-image src=" /images/01.jpg" />
11     </van-grid-item>
12     <van-grid-item icon="more-o" text="文字">
13     <van-image src=" /images/02.jpg" />
14     </van-grid-item>
15     <van-grid-item icon="more-o" text="文字">
16     <van-image src=" /images/03.jpg" />
17     </van-grid-item>
18   </van-grid>
19 </template>
```

　　在上述代码中，第 2 ~ 7 行代码中 icon 属性的值为 Vant 中内置图标的名称。第 8 ~ 18 行代码中使用 column-num 属性设置一行中平均显示 3 列图片，使用 square 属性设置每个格子的长度和宽度一致，使用 gutter 属性设置格子之间的距离为 5 像素。图片素材需要从配套源代码中获取。

　　② 修改 src\main.js 文件，切换页面中显示的组件，具体代码如下。

```
import App from './components/Grid.vue'
```

　　保存上述代码，在浏览器中查看 Vant 的网格效果，如图 6-16 所示。

图6-16　Vant的网格效果

图 6-16 所示的网格的内容默认呈竖向排列，若想呈横向排列，则可以修改上述第 2 行代码，为<van-grid>标签添加 direction 属性，将属性值设置为 horizontal，示例代码如下。

```
<van-grid direction="horizontal">
```

保存上述代码，在浏览器中查看网格内容横向排列效果，如图 6-17 所示。

图6-17　Vant的网格横向排列效果

6. Tabbar 组件

Vant 组件提供了 Tabbar 组件，用于在不同页面之间进行切换，常放置在页面的底部。

Tabbar 组件使用<van-tabbar>标签定义，在该标签中使用<van-tabbar-item>定义每一个标签项。在<van-tabbar>标签中可以使用 v-model 绑定选中标签的索引值，默认情况下启用第一个标签，其索引值为 0，通过修改 v-model 即可切换选中的标签。

<van-tabbar>标签的常用属性如表 6-9 所示。

表 6-9　<van-tabbar>标签的常用属性

属性名	描述
fixed	是否固定在底部，默认值为 true
border	是否显示外边框，默认值为 true
active-color	选中标签的颜色，默认值为#1989fa
inactive-color	未选中标签的颜色，默认值为#7d7e80
placeholder	固定在底部时是否在标签位置生成一个等高的占位元素，默认值为 false

为了帮助读者更好地理解上述常用属性的使用方法，接下来通过实际操作的方式演示一种简单的标签栏效果，具体步骤如下。

① 创建 src\components\Tabbar.vue 文件，在 Vant 官方文档中找到 Tabbar 组件相关代码，复制部分核心代码到当前文件中，具体代码如下。

```
1  <template>
2    <van-tabbar v-model="active" fixed active-color="red" inactive-color="blue"
:placeholder="true">
3      <van-tabbar-item icon="home-o">标签</van-tabbar-item>
4      <van-tabbar-item icon="search" dot>标签</van-tabbar-item>
5      <van-tabbar-item icon="friends-o" badge="5">标签</van-tabbar-item>
6      <van-tabbar-item icon="setting-o" badge="20">标签</van-tabbar-item>
7    </van-tabbar>
8  </template>
```

```
 9 <script setup>
10 import { ref } from 'vue'
11 const active = ref(2)
12 </script>
```

在上述代码中，第 2 行代码设置 fixed 属性开启固定定位；设置 active-color 属性的值为 red，表示选中标签的颜色为红色；设置 inactive-color 属性的值为 blue，表示未选中标签的颜色为蓝色；设置 v-model 的值为 active，与第 11 行代码中的 active 值相对应，表示启用索引为 2 的标签，即第 3 个标签；设置 placeholder 属性的值为 true，表示生成一个等高的占位元素。

② 修改 src\main.js 文件，切换页面中显示的组件，具体代码如下。

```
import App from './components/Tabbar.vue'
```

保存上述代码，在浏览器中查看 Vant 的标签栏效果，如图 6-18 所示。

图6-18　Vant的标签栏效果

6.3　Ant Design Vue 组件库

Ant Design Vue 是一个优秀的前端 UI 组件库，由蚂蚁金服体验技术部推出，于 2018 年 3 月正式开源，受到众多前端开发者及企业的喜爱。Ant Design Vue 基于 Vue 实现，专门服务于企业级后台产品，支持主流浏览器和服务器端渲染。本节将详细讲解 Ant Design Vue 的安装和常用组件的基本使用。

6.3.1　安装 Ant Design Vue

使用 npm 或 yarn 可以安装 Ant Design Vue，具体命令如下。

```
# 使用 npm 包管理工具安装
npm install ant-design-vue --save
# 使用 yarn 包管理工具安装
yarn add ant-design-vue --save
```

上述命令展示了使用两种包管理工具安装 Ant Design Vue 的方法，在使用时任选其一即可。

接下来通过实际操作在 Vue 3 项目中使用 yarn 安装 Ant Design Vue，具体步骤如下。

① 打开命令提示符，切换到 D:\vue\chapter06 目录，使用 yarn 创建一个名称为 ant-component 的项目，具体命令如下。

```
yarn create vite ant-component --template vue
```

在上述命令中，ant-component 表示项目名称。

在命令提示符中，切换到 ant-component 目录，为项目安装所有依赖，具体命令如下。

```
cd ant-component
yarn
```

② 执行完上述命令后，在 ant-component 目录下使用 yarn 安装 Ant Design Vue，具体命令如下。

```
yarn add ant-design-vue@3.2.14 --save
```

③ 使用 VS Code 编辑器打开 ant-component 目录。

④ 在 src\main.js 文件中，导入并挂载 Ant Design Vue 模块，示例代码如下。

```
1  import { createApp } from 'vue'
2  import './style.css'
3  import AntDesignVue from 'ant-design-vue'
4  import 'ant-design-vue/dist/antd.css'
5  import App from './App.vue'
6  const app = createApp(App)
7  app.use(AntDesignVue)
8  app.mount('#app')
```

在上述代码中，第 3 行代码用于导入 AntDesignVue 模块；第 4 行代码用于导入样式文件 antd.css；第 7 行代码使用 app.use( )方法挂载 AntDesignVue 模块。

⑤ 执行命令启动服务，具体命令如下。

```
yarn dev
```

项目启动后，会默认开启一个本地服务，地址为 http://127.0.0.1:5173/。

至此，Ant Design Vue 组件库安装完成。

6.3.2　Ant Design Vue 中的常用组件

前面讲解了 Ant Design Vue 的安装，接下来讲解 Ant Design Vue 中常用组件的使用方法，包括 Button 组件和 Layout 组件，具体介绍如下。

1. Button 组件

Ant Design Vue 组件库提供了大量图标按钮和各种按钮样式，包括按钮的类型、按钮的形状、按钮的大小、按钮的加载状态和禁用状态等。

Botton组件使用<a-button>标签定义，在<a-button>标签中可以通过 type、disabled、loading 等属性定义按钮的样式。

<a-button>标签的常用属性如表 6-10 所示。

表 6-10　<a-button>标签的常用属性

属性名	属性值	描述
type	primary	主按钮，一个操作区域只能有一个主按钮
	default（默认值）	次按钮
	dashed	虚线按钮，常用于添加操作
	text	文本按钮
	link	链接按钮，一般用于链接，即导航到某位置
disabled	true 或 false	是否设置按钮禁用，默认值为 false
ghost	true 或 false	是否设置按钮背景透明，默认值为 false
danger	true 或 false	是否设置为危险按钮，默认值为 false
shape	default（默认值）	正方形按钮
	circle	圆形按钮
	round	圆角按钮

续表.

属性名	属性值	描述
size	large	大尺寸按钮
	midele（默认值）	中尺寸按钮
	small	小尺寸按钮
loading	true 或 false	是否设置按钮为加载状态，默认值为 false

type 属性可以设置 5 种按钮类型，分别为 primary、default、dashed、text 和 link，这 5 种按钮类型可以与 ghost、disabled、loading、danger 状态属性配合使用。其中，ghost 属性用于背景色比较复杂的地方，常用在首页、产品页等展示场景；disabled 属性用于按钮不可用的时候，同时按钮样式也会改变；loading 属性用于异步操作等待反馈的时候，也可以避免多次提交；danger 属性用于删除、移动、修改权限等危险操作，一般需要二次确认。

为了帮助读者更好地理解上述常用属性的使用，接下来通过实际操作的方式演示基础的按钮效果，具体步骤如下。

① 创建 src\components\Button.vue 文件，在 Ant Design Vue 官方文档中找到 Button 组件相关代码，复制部分核心代码到当前文件中，具体代码如下。

```
1  <template>
2   <div :style="{ background: 'rgb(190, 200, 200)', padding: '26px 16px 16px' }">
3    <a-button type="primary" size="large">主按钮</a-button>
4    <a-button>次按钮</a-button>
5    <a-button type="dashed" size="small">虚线按钮</a-button>
6    <a-button type="text" danger>文本按钮</a-button>
7    <a-button type="link">链接按钮</a-button>
8    <a-button type="primary" ghost>背景透明</a-button>
9    <a-button type="primary" shape="circle">圆形</a-button>
10   <a-button type="primary" shape="round">圆角</a-button>
11   <a-button type="primary" loading>加载中...</a-button>
12   <a-button type="primary">
13    <template #icon><SearchOutlined /></template>
14    搜索
15   </a-button>
16  </div>
17 </template>
18 <script setup>
19 import { SearchOutlined } from '@ant-design/icons-vue'
20 </script>
```

在上述代码中，第 2 行代码给 div 元素设置了背景色，这是为了突出显示按钮背景透明效果；第 3 行和第 5 行代码使用 size 属性设置了按钮的尺寸，分别为大尺寸、小尺寸；第 13 行代码通过标签的形式使用 SearchOutlined 组件；第 19 行代码导入组件 SearchOutlined。

② 修改 src\main.js 文件，切换页面中显示的组件，具体代码如下。

```
import App from './components/Button.vue'
```

保存上述代码，在浏览器中查看 Ant Design Vue 的按钮效果，如图 6-19 所示。

2. Layout 组件

大多数的后台管理系统都涉及 Layout
组件的应用。Ant Design Vue 组件库提供
了 Layout 组件,该组件采用 Flex(弹性)
布局,用于对页面进行整体布局。Layout
组件使用 <a-layout> 标签定义,其中
<a-layout-header>标签用于定义顶部布局,
<a-layout-content>标签用于定义内容部分
布局,<a-layout-footer>标签用于定义底部
布局。

图6-19　Ant Design Vue的按钮效果

Layout 组件中可以嵌套 Header(顶部布局)、Sider(侧边栏)、Content(内容部分)和
Footer(底部布局)。除此之外,也可以嵌套 Layout 本身。常见的布局方式包括上–左右–下
布局、上–中–下布局、左–上–中–下布局。

下面以上–左右–下布局为例,演示其布局效果,如图 6-20 所示。

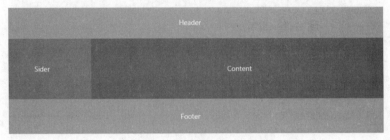

图6-20　上–左右–下布局

为了帮助读者更好地理解 Layout 组件的使用,下面通过实际操作实现后台管理主页面,
在这里将内容重点放在布局的实现上,不再详细介绍样式的设计,关于样式的设计读者可
以参考本书配套资料提供的源代码。后台管理主页面效果如图 6-21 所示。

图6-21　后台管理主页面效果

后台管理主页面分为顶部区域、左侧边栏区域、右侧内容区域和底部区域。

下面演示上述案例效果的实现，考虑到顶部区域、左侧边栏区域、底部区域为公共代码，为了贴合实际项目开发，在这里将这 3 个部分的代码抽离出来，作为单独的组件，具体步骤如下。

① 创建 src\components\Home.vue 文件，参考 Ant Design Vue 官方文档中 Layout 组件的核心代码，编写页面基本结构，具体代码如下。

```
1  <template>
2   <a-layout>
3     <a-layout-header class="header">
4       顶部区域
5     </a-layout-header>
6     <a-layout-content>
7       <a-layout>
8         <a-layout-sider width="200" style="background: #ccc;">
9           左侧边栏区域
10         </a-layout-sider>
11         <a-layout-content :style="{ background:'#666' }">
12           右侧内容区域
13         </a-layout-content>
14       </a-layout>
15     </a-layout-content>
16     <a-layout-footer style="text-align: center">
17       底部区域
18     </a-layout-footer>
19   </a-layout>
20  </template>
21  <style>
22  body #app {
23    width: 100%;
24    height: 100%;
25    color: #fff;
26  }
27  #app {
28    max-width: 100%;
29    margin: 0;
30    padding: 0;
31  }
32  .ant-layout {
33    height: 100%;
34    width: 100%;
35  }
36  </style>
```

在上述代码中，第 3 ~ 5 行代码定义顶部区域；第 6 ~ 15 行代码定义中间内容区域，其中，第 8 ~ 10 行代码定义左侧边栏区域，第 11 ~ 13 行代码定义右侧内容区域；第 16 ~ 18 行代码定义底部区域。

② 修改 src\main.js 文件，切换页面中显示的组件，具体代码如下。

```
import App from './components/Home.vue'
```

保存上述代码，在浏览器中查看页面结构效果，如图 6-22 所示。

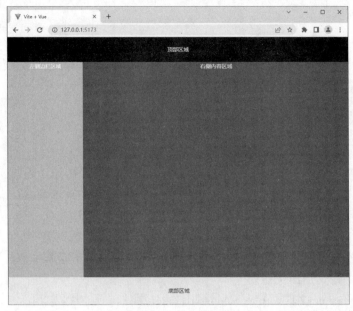

图6-22　页面结构效果

③ 创建 src\components\pages\CommonHeader.vue 文件，实现公共顶部效果，具体代码如下。

```
1  <template>
2    <a-layout-header>
3      <div class="logo">LOGO</div>
4      <a-menu
5        v-model:selectedKeys="selectedKeys1"
6        theme="dark"
7        mode="horizontal"
8        :style="{ lineHeight: '64px' }">
9        <a-menu-item key="1">用户管理</a-menu-item>
10       <a-menu-item key="2">系统管理</a-menu-item>
11       <a-menu-item key="3">商品管理</a-menu-item>
12     </a-menu>
13     <a-button class="logout" type="dashed" ghost>退出</a-button>
14   </a-layout-header>
15 </template>
16 <script setup>
17 import { ref } from 'vue'
18 const selectedKeys1 = ref(['1'])
19 </script>
20 <style>
21 .ant-layout-header .logo {
22   float: left;
23   width: 120px;
24   height: 31px;
25   margin: 16px 24px 16px 0;
26   background: rgba(255, 255, 255, 0.3);
```

```
27  line-height: 31px;
28  font-weight: bold;
29  color: #fff;
30 }
31 .ant-layout-header {
32  color: #fff !important;
33 }
34 .logout {
35  float: right;
36  margin-top: -49px;
37 }
38 </style>
```

在上述代码中，第 3 行代码定义 Logo 区域。第 4～12 行代码使用<a-menu>标签定义菜单区域。其中，第 5 行代码使用 v-model 指令绑定当前选中的菜单项 selectedKeys1 数组；第 6 行代码使用 theme 属性设置主题颜色为黑色；第 7 行代码使用 mode 属性设置菜单类型为水平模式；第 8 行代码使用行内式设置行高为 64px；第 9～11 行代码使用<a-menu-item>标签定义菜单的每一项，每一个菜单项的 key 值是唯一的。第 13 行代码使用<a-button>标签定义退出按钮。

④ 修改 Home.vue 文件，导入 CommonHeader 组件，具体代码如下。

```
1 <script setup>
2 import CommonHeader from './pages/CommonHeader.vue'
3 </script>
```

⑤ 修改 Home.vue 文件，替换步骤①中第 3～5 行代码，以<CommonHeader />标签的形式使用 CommonHeader 组件，具体代码如下。

```
<CommonHeader />
```

保存上述代码，在浏览器中查看顶部区域效果，如图 6-23 所示。

图6-23　顶部区域效果

⑥ 创建 src\components\pages\CommonSider.vue 文件，实现左侧边栏区域效果，具体代码如下。

```
1  <template>
2    <a-layout-sider width="200" style="overflow: auto;">
3      <a-menu
4        v-model:selectedKeys="selectedKeys2"
5        v-model:openKeys="openKeys"
6        mode="inline"
7        style="height: 100%">
8        <a-sub-menu key="sub1">
9          <template #title>
10           <span><user-outlined /> 用户管理</span>
11         </template>
12         <a-menu-item key="1">个人信息</a-menu-item>
13         <a-menu-item key="2">修改头像</a-menu-item>
14         <a-menu-item key="3">修改密码</a-menu-item>
15         <a-menu-item key="4">修改邮箱</a-menu-item>
16       </a-sub-menu>
17       <a-sub-menu key="sub2">
18         <template #title>
19           <span><laptop-outlined /> 系统管理</span>
20         </template>
21         <a-menu-item key="5">用户管理</a-menu-item>
22         <a-menu-item key="6">权限管理</a-menu-item>
23         <a-menu-item key="7">站点管理</a-menu-item>
24         <a-menu-item key="8">检测参数管理</a-menu-item>
25       </a-sub-menu>
26       <a-sub-menu key="sub3">
27         <template #title>
28           <span><notification-outlined /> 商品管理</span>
29         </template>
30         <a-menu-item key="9">分类管理</a-menu-item>
31         <a-menu-item key="10">订单管理</a-menu-item>
32         <a-menu-item key="11">回收站</a-menu-item>
33       </a-sub-menu>
34     </a-menu>
35   </a-layout-sider>
36 </template>
37 <script setup>
38 import { UserOutlined, LaptopOutlined, NotificationOutlined } from '@ant-design/icons-vue'
39 import { ref } from 'vue'
40 const selectedKeys2 = ref(['1'])
41 const openKeys = ref(['sub1'])
42 </script>
```

在上述代码中，第 4 行代码使用 v-model 指令绑定当前选中的菜单项 selectedKeys2 数组；第 5 行代码使用 v-model 指令绑定当前展开的菜单项 openKeys 数组；第 6 行代码使用 mode 属性设置菜单类型为内嵌模式；第 7 行代码使用行内式设置行高为 100%；第 8～16

行代码使用<a-sub-menu>定义子菜单项，设置 key 值为 sub1，使用<a-menu-item>标签定义子菜单的每一项，每一个子菜单项的 key 值是唯一的。

⑦ 修改 src\Home.vue 文件，导入 CommonSider 组件，具体代码如下。

```
import CommonSider from './pages/CommonSider.vue'
```

⑧ 修改 Home.vue 文件，替换步骤①中第 8 ~ 10 行代码，以< CommonSider />标签的形式使用 CommonSider 组件，具体代码如下。

```
<CommonSider />
```

⑨ 修改 src\Home.vue 文件中的第 11 ~ 13 行代码，将右侧内容区域的背景色去除，文字颜色改为#666，具体代码如下。

```
1  <a-layout-content :style="{ padding: '0 24px', minHeight: '280px', color:'#666',
background: '#fff' }">
2      右侧内容区域
3  </a-layout-content>
```

保存上述代码，在浏览器中查看左侧边栏区域效果，如图 6-24 所示。

图6-24　左侧边栏区域效果

⑩ 创建 src\components\pages\CommonFooter.vue 文件，实现底部区域效果，具体代码如下。

```
1  <template>
2    <a-layout-footer style="text-align: center">
3      Copyright ©2023 北京 xxx 科技有限公司 版权所有
4    </a-layout-footer>
5  </template>
```

⑪ 修改 Home.vue 文件，导入 CommonFooter 组件，示例代码如下。

```
import CommonFooter from './pages/CommonFooter.vue'
```

⑫ 修改 Home.vue 文件，替换步骤①中第 16 ~ 18 行代码，以<CommonFooter />标签的形式使用 CommonFooter 组件，示例代码如下。

```
<CommonFooter />
```

保存上述代码，在浏览器中查看底部区域效果，效果与图 6-21 所示的相同。

至此，一个简单的后台管理主页面布局已经完成。

本章小结

本章对常用的 UI 组件库进行了详细讲解。首先讲解了 Element Plus 组件库的安装和常用组件的基本使用方法，包括 Button 组件、Table 组件、Form 组件和 Menu 组件；然后讲解了 Vant 组件库的安装和常用组件的基本使用方法，包括 Button 组件、Swipe 组件、Tab 组件、Form 组件、Grid 组件和 Tabbar 组件；最后讲解了 Ant Design Vue 组件库的安装和常用组件的基本使用方法，包括 Button 组件和 Layout 组件，并使用 Layout 组件实现了一个简单的后台管理系统主页面的布局。通过本章的学习，读者能够在实际开发中灵活运用 UI 组件库实现想要的效果。

课后习题

一、填空题

1. 通过<el-button>标签的＿＿＿＿＿属性可以将按钮设置为圆角按钮。

2. 通过<el-form>标签的＿＿＿＿＿属性可以将表单设置为行内表单。

3. 通过<van-swipe>标签的＿＿＿＿＿属性可以开启图片的懒加载模式。

4. 通过<van-grid>标签的＿＿＿＿＿属性可以一行展示 3 个格子。

5. Ant Design Vue 组件库提供了 Layout 组件，该组件使用＿＿＿＿＿标签定义顶部布局。

二、判断题

1. Element Plus 不支持 IE 11 及更低的 IE 版本。（　　　）

2. Ant Design Vue 组件库的 Layout 组件采用 Flex 布局。（　　　）

3. 使用 use( )方法可以挂载 ElementPlus 模块。（　　　）

4. <van-field>标签内可以通过 rule 属性定义校验规则。（　　　）

5. Element Plus 中的 Menu 组件使用<el-menu>标签定义，菜单默认为水平模式。（　　　）

三、选择题

1. 下列选项中，使用包管理工具安装 Element Plus 组件库的命令正确的是（　　　）。

A. npm install element-plus
B. yarn install element-plus
C. npm add element-plus
D. npm Install element-plus

2. 在 Element Plus 组件库中，关于<el-button>标签中 type 属性的说法错误的是（　　　）。

A. type 属性设置为 danger，表示危险按钮

B. type 属性设置为 info，表示主要按钮

C. type 属性设置为 warning，表示警告按钮

D. type 属性设置为 success，表示成功按钮

3. 在 Vant 组件库中，关于<van-swipe>标签的属性说法正确的是（　　　）。

A. autoplay 属性用于设置轮播图片的自动轮播间隔，单位为 s

B. indicator-color 属性用于设置指示器颜色，默认值为#1998fa

C. vertical 属性用于设置轮播图片为纵向滚动，默认设置为纵向滚动

D. loop 属性用于设置轮播图片循环播放，默认值为 true

4. 在 Vant 组件库中，关于<van-grid-item>标签的属性说法错误的是（　　）。

A. icon 属性用于设置图标名称或图片链接

B. text 属性用于设置图标的文字内容

C. dot 属性用于设置图标右上角小黑点

D. badge 属性用于设置图标右上角徽标的内容

5. 下列选项中，使用包管理工具安装 Vant 组件库的命令正确的是（　　）。

A. npm add vant　　　　　　　　B. yarn install vant

C. npm Install vant　　　　　　　D. yarn add vant

四、简答题

1. 请简述使用 yarn 安装 Element Plus 组件库的命令。

2. 请简述使用 npm 安装 Ant Design Vue 组件库的命令。

五、操作题

1. 请使用 Vant 组件库的 type 属性实现 5 种基础按钮类型效果。

2. 请使用 Vant 组件库的 Grid 组件实现图片和文字呈 2 行 3 列的网格效果，如图 6-25 所示。

图6-25　网格效果

第 **7** 章

网络请求和状态管理

• • • • •
学习目标

★ 了解 Axios 的基本概念，能够说出 Axios 的功能和主要特性

★ 掌握 Axios 的安装和使用方法，能够在项目中安装并使用 Axios

★ 掌握 Axios 图书列表案例的实现，能够使用 Axios 完成网络请求

★ 了解 Vuex 的基本概念，能够说出 Vuex 的工作原理

★ 掌握 Vuex 的安装和使用方法，能够在项目中安装并使用 Vuex

★ 掌握 Vuex 计数器案例的实现，能够运用 Vuex 实现计数器效果

★ 了解 Pinia 的基本概念，能够说出 Pinia 的功能和优点

★ 掌握 Pinia 的安装和使用方法，能够在项目中安装并使用 Pinia

★ 掌握 Pinia 计数器案例的实现，能够运用 Pinia 实现计数器效果

★ 熟悉 Pinia 模块化，能够阐述 Pinia 模块化的实现原理

★ 掌握 Pinia 持久化存储，能够运用 Pinia 实现全部数据或部分数据的持久化存储

在前面的开发案例中，数据都是直接定义在组件中的；而在实际开发中，项目的数据需要从服务器中获得。当我们希望互联网上的其他用户访问我们自己编写的网页时，就需要用到服务器了。在传统的网页开发中，一般使用 Ajax 实现 JavaScript 程序与服务器交互，而在 Vue 中，则更推荐使用 Axios 实现 JavaScript 程序与服务器交互。如果希望在项目中跨组件或页面存储、共享一些数据以实现数据的状态管理，可以使用 Vuex 和 Pinia。本章将讲解 Axios、Vuex 和 Pinia 的使用。

7.1 Axios

当浏览器发送请求或 Node.js 发送请求时，都可以使用 Axios 实现浏览器与服务器的异步交互。Axios 通过 Promise 封装了 Ajax 技术，功能更强大，也改善了用户浏览网页的体验。本节将详细讲解 Axios。

7.1.1　Axios 概述

Axios 是一个基于 Promise 的 HTTP 库，可以发送 get、post 等请求，它作用于浏览器和 Node.js 中。简而言之，同一套代码既可以运行在浏览器中，又可以运行在 Node.js 中。当运行在浏览器时，使用 XMLHttpRequest 接口发送请求；当运行在 Node.js 时，使用 HTTP 对象发送请求。需要注意的是，XMLHttpRequest 是一个浏览器接口，用于在后台与服务器交换数据，现代浏览器均支持 XMLHttpRequest 接口。

Axios 的主要特性如下。

- 支持所有的 API。
- 支持拦截请求和响应。
- 可以转换请求数据和响应数据，并可以将响应的内容自动转换为 JSON 类型的数据。
- 安全性高，客户端支持防御跨站请求伪造（Cross-Site Request Forgery，CSRF）。

7.1.2　安装 Axios

Axios 的安装方式主要有两种，一种是通过标签引入，另一种是使用包管理工具安装，具体介绍如下。

1. 通过标签引入

通过标签引入时，可以使用 Unpkg 或 jsDelivr 的内容分发网络（Content Delivery Network，CDN）服务提供的 Axios 文件，也可以将 Axios 文件下载至本地再引入。

① 使用 Unpkg 的 CDN 服务引入 Axios 的示例代码如下。

```
<script src="https://unpkg.com/axios/dist/axios.min.js"></script>
```

② 使用 jsDelivr 的 CDN 服务引入 Axios 的示例代码如下。

```
<script src="https://cdn.jsdelivr.net/npm/axios/dist/axios.min.js"></script>
```

在上述示例代码中，展示了使用 Unpkg 或 jsDelivr 免费开源的 CDN 服务安装 Axios 的方法，在实际使用时任选其一即可。

读者也可以从 Axios 官方网站中直接下载 Axios，下载后再将文件引入网页。因为需要将文件下载到本地，所以不需要考虑无网络的情况。

2. 使用包管理工具安装

除了使用标签引入 Axios 外，还可以使用包管理工具安装 Axios，具体命令如下。

```
# 使用 npm 包管理工具安装
npm install axios --save
# 使用 yarn 包管理工具安装
yarn add axios --save
```

上述命令展示了使用两种包管理工具安装 Axios 的方法，其中 npm 和 yarn 的用法在前文中已经提到，在这里就不再赘述。

前面讲解了安装 Axios 的两种方式，下面讲解如何将 Axios 应用到项目开发中。下面初始化一个 Vue 3 项目，并在项目中安装 Axios，基本步骤如下。

① 打开命令提示符，切换到 D:\vue\chapter07 目录，使用 yarn 创建一个名称为 my-axios 的项目，具体命令如下。

```
yarn create vite my-axios --template vue
```

在上述命令中，my-axios 表示项目名称。

在命令提示符中，切换到 my-axios 目录，为项目安装所有依赖，具体命令如下。

```
cd my-axios
yarn
```

② 执行完上述命令后，在 my-axios 目录下使用 yarn 安装 Axios，具体命令如下。

```
yarn add axios@1.2.1 -save
```

③ 使用 VS Code 编辑器打开 my-axios 目录。

④ 执行命令启动服务，具体命令如下。

```
yarn dev
```

项目启动后，会默认开启一个本地服务，地址为 http://127.0.0.1:5173/。

至此，my-axios 项目创建完成，并在项目中成功安装了 Axios。

7.1.3　使用 Axios

在项目中使用 Axios 时，通常的做法是先将 Axios 封装成一个模块，然后在组件中导入模块。创建 src\axios\request.js 文件，将 Axios 封装成模块，具体代码如下。

```
1 import axios from 'axios'
2 const request = axios.create({
3   timeout: 2000
4 })
5 export default request
```

在上述代码中，第 1 行代码用于导入 axios 对象；第 2～4 行代码用于使用 axios 对象提供的 create( )方法创建 request 实例，其中 timeout 表示请求超过 2000ms 将会超时；第 5 行代码用于导出 request 实例。

将 Axios 封装成模块后，在组件中导入模块，即可使用 Axios 发送网络请求。在 src\App. vue 文件中导入模块的示例代码如下。

```
import request from './axios/request.js'
```

Axios 的请求方式有很多，常用的有 get 请求和 post 请求，下面分别进行讲解。

使用 Axios 发送 get 请求的基本语法格式如下。

```
1 request({
2   url: '请求路径'
3   method: 'get',
4   params: { 参数 }
5 }).then(res => {
6   console.log(res)
7 }).catch(error => {
8   console.log(error)
9 })
```

在上述语法格式中，url 表示请求地址；method 表示请求方式，当发送的是 get 请求时，设置为 get；params 表示 HTTP 请求中的参数；then( )方法用于处理请求成功之后要执行的操作，该方法的参数 res 表示请求的结果；catch( )方法用于处理请求失败之后要执行的操作，该方法的参数 error 表示请求的结果。

Axios 发送 post 请求的基本语法格式如下。

```
1 request({
2   url: '请求路径',
3   method: 'post',
4   data: { 参数 }
```

```
5   }).then(res => {
6     console.log(res)
7   }).catch(error => {
8     console.log(error)
9   })
```

　　在上述语法格式中，method 的请求方式为 post；data 表示请求参数；then( )方法和 catch( )方法的含义同 Axios 发送 get 请求语法格式中的 then( )方法和 catch( )方法的含义。

7.1.4　Axios 图书列表案例

　　将 Axios 安装、配置完成后，下面演示如何使用 Axios 实现图书列表案例。图书列表页面初始效果如图 7-1 所示。

图7-1　图书列表页面初始效果

　　在图书列表页面中单击"请求数据"按钮，数据请求成功页面效果如图 7-2 所示。

图7-2　数据请求成功页面效果

　　下面通过实际操作的方式讲解图书列表案例的实现。

1. 模拟数据

　　为了方便演示，使用 mockjs 模拟后端接口，下面讲解如何安装 mockjs，以及编写模拟数据和配置模拟数据的相关信息，具体步骤如下。

① 在 my-axios 目录下，使用 yarn 安装 mockjs，具体命令如下。

```
yarn add mockjs@1.1.0 --save
```

② 将 mockjs 安装完成后，创建 src\mock\books.json 文件，该文件用于存放模拟数据，具体代码如下。

```
1  [
2    {
3      "id": 1,
4      "name": "西游记",
5      "author": "吴承恩"
6    },
7    {
8      "id": 2,
9      "name": "红楼梦",
10     "author": "曹雪芹"
11   },
12   {
13     "id": 3,
14     "name": "三国演义",
15     "author": "罗贯中"
16   },
17   {
18     "id": 4,
19     "name": "水浒传",
20     "author": "施耐庵"
21   }
22 ]
```

在上述代码中，一个数组中包含 4 个对象，其中数组以 "[" 开始，以 "]" 结束，对象以 "{" 开始，以 "}" 结束，每个对象中包含 3 个属性，分别为 id、name 和 author。

③ 创建 src\mock\mockServer.js 文件，该文件用于配置模拟数据的相关信息，具体代码如下。

```
1  import Mock from 'mockjs'
2  import books from './books.json'
3  Mock.mock('/mock/getBooks', 'get', {
4    code: 200,          // 请求成功的状态码
5    data: books         // 模拟的请求数据
6  })
```

在上述代码中，第 1 行代码导入 mockjs；第 2 行代码导入 books.json 文件；第 3～6 行代码使用 Mock 提供的 mock( )方法对需要模拟的数据进行封装。该方法的第 1 个参数表示请求地址，此处传入了/mock/getBooks；第 2 个参数表示请求方式，此处传入了get；第 3 个参数表示请求的状态码和模拟数据，此处传入了 200 和 books。

④ 修改 src\main.js 文件，在创建 Vue 应用实例前导入 mockServer.js 文件，具体代码如下。

```
import './mock/mockServer.js'
```

2. 请求数据

后端接口和模拟数据准备好之后，就可以请求接口、获取数据了。下面讲解如何在页面中请求接口并获取数据，具体步骤如下。

① 清空 src\App.vue 文件中的内容，并编写如下代码。

```
1 <template>
2   <div class="box">
3     <button>请求数据</button>
4     <table width="90%" class="table">
5       <caption>
6         <h2>图书列表</h2>
7       </caption>
8       <thead>
9         <tr>
10          <th>编号</th>
11          <th>书名</th>
12          <th>作者</th>
13        </tr>
14      </thead>
15      <tbody>
16        <!-- 主体内容 -->
17      </tbody>
18    </table>
19  </div>
20 </template>
```

在上述代码中，第 3 行代码使用<button>标签定义按钮；第 4～18 行代码使用<table>标签定义表格，其中，第 5～7 行代码使用<caption>标签定义表格的标题，第 8～14 行代码使用<thead>标签定义表格的表头，第 15～17 行代码使用<tbody>标签定义表格的主体内容。

② 在 src\App.vue 文件中编写样式代码，具体代码如下。

```
1 <style>
2 body, html {
3   width: 100%;
4   height: 100%;
5 }
6 #app {
7   width: 100% !important;
8 }
9 table {
10  border-collapse: collapse;
11  margin: 0 auto;
12  text-align: center;
13 }
14 table td, table th {
15  border: 1px solid #cad9ea;
16  color: #666;
17  height: 30px;
18 }
19 table thead th {
20  background-color: #CCE8EB;
21  width: 100px;
22 }
23 table tr:nth-child(odd) {
24  background: #fff;
25 }
26 table tr:nth-child(even) {
27  background: #F5FAFA;
28 }
29 </style>
```

③ 为"请求数据"按钮绑定单击事件处理方法，具体代码如下。

```
<button @click="getData">请求数据</button>
```

在上述代码中，为"请求数据"按钮绑定了 getData( )方法，用于实现单击按钮显示请求数据的效果。

④ 在 src\App.vue 文件中请求接口数据，具体代码如下。

```
1  <script setup>
2  import { reactive } from 'vue'
3  import request from './axios/request.js'
4  const bookData = reactive({
5    list: []
6  })
7  // 测试请求方法
8  const getData = function() {
9    request({
10     url: '/mock/getBooks',
11     method: 'get'
12   }).then(res => {
13     bookData.list = res.data.data
14     console.log(res.data.data)
15   }).catch(error => {
16     console.log(error)
17   })
18 }
19 </script>
```

在上述代码中，第 2 行代码用于导入 reactive( )函数；第 3 行代码用于导入 request.js 文件；第 4 ~ 6 行代码用于设置 list 数组为响应式数据；第 8 ~ 18 行代码用于使用 Axios 请求数据，其中，第 13 行代码用于使用 res.data.data 获取服务器响应的数据，并将获取到的数据赋值给 bookData.list，第 14 行代码用于在控制台中输出 res.data.data。

⑤ 在 src\App.vue 文件中编写主体内容，具体代码如下。

```
1  <tbody v-for="item in bookData.list" :key="item.id">
2    <!-- 主体内容 -->
3    <tr>
4      <td>{{ item.id }}</td>
5      <td>{{ item.name }}</td>
6      <td>{{ item.author }}</td>
7    </tr>
8  </tbody>
```

在上述代码中，第 1 行代码使用 v-for 指令循环渲染 bookData.list 数组中的数据，item 表示数组中每一项的内容。

保存上述代码，在浏览器中访问 http://127.0.0.1:5173/，页面初始效果与图 7-1 所示的效果相同，单击"请求数据"按钮，数据请求成功页面效果与图 7-2 所示的效果相同。

7.2　Vuex

前面讲解的父子组件、跨级组件之间的数据传递方式适用于简单的项目。对于中大型项目来说，如果嵌套的层次比较多，这种数据传递方式显得有些烦琐，代码维护也会非常麻烦。此时，可以使用 Vuex 集中存储和管理整个应用程序的所有组件的状态，供各种组件使用。本节将详细讲解 Vuex。

7.2.1　Vuex 概述

Vuex 是一个专为 Vue 开发的状态管理库，它采用集中式存储的方式管理应用的所有组件的状态，解决了多组件数据通信的问题，使数据操作更加简洁。

若要理解为什么项目中需要使用 Vuex，需要先理解 Vue 中的单向数据流机制。在 Vue 中，组件的状态变化是通过单向数据流的设计理念实现的，单向数据流是指只能从一个方向修改状态，主要包含以下 3 个部分。

- 状态（State）：驱动应用的数据源。
- 视图（View）：以声明方式将状态映射到视图。
- 操作（Actions）：响应在视图上的用户输入导致的状态变化。

Vue 单向数据流如图 7-3 所示。

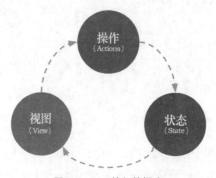

图7-3　Vue单向数据流

Vue 的单向数据流增强了组件之间的独立性。修改状态时，它将重新启动修改的流程，这限制了修改状态的改变，使状态可预测且易于调试。

Vuex 的工作流程如图 7-4 所示。

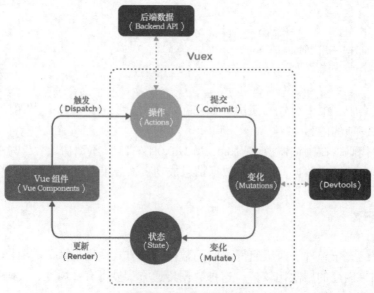

图7-4　Vuex的工作流程

　　Actions 中定义事件回调方法,通过 Dispatch 触发事件处理方法,例如 store.dispatch ('事件处理方法名称'),并且 Actions 是异步的。Mutations 通过调用 Commit 提交一个 Mutation 的方法名称,例如 store.commit('事件处理方法名称'),并且 Mutations 是同步的。从职责上, Actions 负责业务代码,而 Mutations 专注于修改 State。在提交 Mutations 时,Devtools 调试 工具负责 Mutations 状态变化的跟踪。

7.2.2　安装 Vuex

　　Vuex 有多个版本,在使用时,Vuex 4 只适用于 Vue 3 项目,而 Vuex 3 适用于 Vue 2 项 目。下面以 Vuex 4 为例,讲解 Vuex 的安装。Vuex 的安装方式主要有两种,一种是通过标 签引入,另一种是使用包管理工具安装,具体介绍如下。

1. 通过标签引入

　　使用标签引入时,可以使用 Unpkg 的 CDN 服务提供的 Vuex 文件,也可以将 Vuex 文件下 载至本地再引入。

　　使用 Unpkg 的 CDN 服务引入 Vuex 的示例代码如下。

```
<script src="https://unpkg.com/vuex@next"></script>
```

　　读者也可以从 Vuex 官方网站直接下载 Vuex,下载后再将文件引入网页。

2. 使用包管理工具安装

　　除了使用标签方式引入 Vuex 外,还可以使用包管理工具安装 Vuex,具体命令如下。

```
# 使用 npm 包管理工具安装
npm install vuex --save
# 使用 yarn 包管理工具安装
yarn add vuex --save
```

　　上述命令展示了使用两种包管理工具安装 Vuex 的方法,其中 npm 和 yarn 的用法在前 文中已经提到,在这里就不再赘述。

　　下面演示如何将 Vuex 安装到项目中,基本步骤如下。

　　① 打开命令提示符,切换到 D:\vue\chapter07 目录,使用 yarn 创建一个名称为 my-vuex 的项目,具体命令如下。

```
yarn create vite my-vuex --template vue
```

　　在上述命令中,my-vuex 表示项目名称。

　　在命令提示符中,切换到 my-vuex 目录,为项目安装所有依赖,具体命令如下。

```
cd my-vuex
yarn
```

　　② 执行完上述命令后,在 my-vuex 目录下使用 yarn 安装 Vuex,具体命令如下。

```
yarn add vuex@4.0.2 -save
```

　　③ 使用 VS Code 编辑器打开 my-vuex 目录。

　　④ 执行命令启动服务,具体命令如下。

```
yarn dev
```

　　项目启动后,会默认开启一个本地服务,地址为 http://127.0.0.1:5173/。

　　至此,my-vuex 项目创建完成,并在项目中成功安装了 Vuex。

7.2.3　使用 Vuex

　　在项目中使用 Vuex 时,通常的做法是先在项目中创建一个 store 模块,然后导入并挂载 store 模块。store 模块是用于管理状态数据的仓库。

创建 src\store\index.js 文件，编写 store 模块的代码，具体代码如下。

```
1  import { createStore } from 'vuex'
2  const store = createStore({
3    state: {},
4    mutations: {},
5    actions: {},
6    getters: {},
7    modules: {}
8  })
9  export default store
```

在上述代码中，第 1 行代码用于导入 createStore( )函数，该函数用于创建 store 对象；第 2 行代码使用 createStore( )函数创建 store 对象；第 3～7 行代码为 Vuex 中的常用配置选项，具体介绍如下。

① state：用于管理数据，且数据是响应式的，当数据改变时驱动视图更新，类似于 Vue 实例中的 data 属性。

② mutations：用于更新数据，state 中的数据只能使用 mutations 改变数据，类似于 Vue 实例中的 methods 属性。

③ actions：用于定义事件处理方法，把数据提交给 mutations。actions 类似于 mutations，不同之处在于 actions 可以进行异步操作，且不能直接修改 state。

④ getters：用于在获取数据之前进行编译，得到新的数据。getters 只是对变量进行筛选、过滤，不会改变变量本值的操作，例如过滤数组、获得数组和字符串的长度等。

⑤ modules：用于定义模块对象。在项目开发中，页面组件存在多种状态，且所有的状态会集中到一个对象中。当应用较复杂时，store 对象可能会很臃肿。Vuex 为了解决这种复杂应用状态，提出了类似于模块化开发的方式以对 store 对象进行标准化管理。

在 src\main.js 文件中导入并挂载 store 模块，具体代码如下。

```
1  import { createApp } from 'vue'
2  import './style.css'
3  import store from './store'          // 导入 store 模块
4  import App from './App.vue'
5  const app = createApp(App)
6  app.use(store)                        // 挂载 store 模块
7  app.mount('#app')
```

在上述代码中，第 3 行代码用于导入 store 模块，其中，"./store" 为 "./store/index.js" 的简写形式；第 6 行代码使用 app.use( )方法挂载 store 模块。

7.2.4　Vuex 计数器案例

Vuex 安装、配置完成后，下面演示如何使用 Vuex 实现计数器案例。计数器初始页面效果如图 7-5 所示。

在计数器页面中单击 "+" 按钮，其后数字从 0 变为 1，效果如图 7-6 所示。

在计数器页面中单击 "–" 按钮，其后数字从 100 变为 99，效果如图 7-7 所示。

图7-5　计数器初始页面效果

图7-6　单击"+"按钮后数字从0变为1

图7-7　单击"-"按钮后数字从100变为99

下面通过实际操作的方式讲解计数器案例的实现。

① 清空 src\App.vue 文件中的内容，重新编写如下代码。

```
1  <template>
2    <p>
3      每次增加 1：<button @click="increment">+</button>
4      数字：0
5    </p>
6    <p>
7      每次减少 1：<button @click="reduction">-</button>
8      数字：100
9    </p>
10 </template>
11 <script setup>
```

```
12 const increment = () => { }
13 const reduction = () => { }
14 </script>
15 <style>
16 button {
17   background-color: aquamarine;
18 }
19 </style>
```

在上述代码中，第 3 行代码使用<button>标签定义"+"按钮；第 4 行代码设置"+"按钮后的数字的初始值为 0；第 7 行代码使用<button>标签定义"–"按钮；第 8 行代码设置"–"按钮后的数字的初始值为 100。需要注意的是，为了展示页面效果，这里的初始值先设置为静态值，后期会修改为动态值。

② 编写 src\store\index.js 文件，具体代码如下。

```
1  import { createStore } from 'vuex'
2  const store = createStore({
3    state: {
4      add: 0,
5      reduce: 100
6    },
7    mutations: {
8      increase(state) {
9        state.add++
10     },
11     decrease(state) {
12       state.reduce--
13     }
14   },
15   actions: {},
16   modules: {}
17 })
18 export default store
```

在上述代码中，第 4~5 行代码在 state 中定义了初始数据；第 8~13 行代码用于在 mutations 中修改 state 中的数据。

③ 修改 src\App.vue 文件，提交 increase( )方法和 decrease( )方法，具体代码如下。

```
1  <script setup>
2  import { useStore } from 'vuex'
3  const store = useStore()
4  const increment = () => {
5    store.commit('increase')
6  }
7  const reduction = () => {
8    store.commit('decrease')
9  }
10 </script>
```

在上述代码中，第 5 行代码使用 commit( )方法提交在 mutations 中定义的 increase( )方法；第 8 行代码使用 commit( )方法提交在 mutations 中定义的 decrease( )方法。

④ 在<template>模板中获取 state 中的数据并显示在页面中，具体代码如下。

```
1  <p>
2    每次增加1：<button @click="increment">+</button>
3    数字：{{ this.$store.state.add }}
4  </p>
5  <p>
6    每次减少1：<button @click="decrement">-</button>
7    数字：{{ this.$store.state.reduce }}
8  </p>
```

在上述代码中，第 3 行代码通过 this.$store.state.add 获取 state 中定义的 add 变量的值；第 7 行代码通过 this.$store.state.reduce 获取 state 中定义的 reduce 变量的值。

保存上述代码，在浏览器中访问 http://127.0.0.1:5173/，页面初始效果与图 7-5 所示的效果相同。单击一次"+"按钮后，运行效果与图 7-6 所示的效果相同。刷新并单击一次"–"按钮后，运行效果与图 7-7 所示的效果相同。

7.3　Pinia

Pinia 和前面学过的 Vuex 都是专为 Vue 应用程序开发的状态管理库，Pinia 支持 Vue 2 和 Vue 3。在 Vue 3 项目中，既可以使用传统的 Vuex 实现状态管理，又可以使用 Pinia 实现状态管理。本节将对 Pinia 的基本使用方法进行讲解。

7.3.1　Pinia 概述

Pinia 是新一代的轻量级状态管理库，它允许跨组件或页面共享状态，解决了多组件间的数据通信，使数据操作更加简洁。

Pinia 与 Vuex 相比，主要优点如下。

- Pinia 支持 Vue 2 和 Vue 3，支持选项式 API 和组合式 API。
- Pinia 简化了状态管理库的使用方法，抛弃了 mutations，只有 state、getters 和 actions，让代码编写更容易也更直观。
- Pinia 不需要嵌套模板，符合 Vue 3 中的组合式 API，让代码更加扁平化。
- Pinia 提供了完整的 TypeScript 支持。
- Pinia 分模块不需要借助 modules，使代码更加简洁，可以实现良好的代码自动分隔。
- Pinia 支持 Devtools 调试工具，便于进行调试。
- Pinia 体积更小，性能更好。
- Pinia 支持在某个组件中直接修改 Pinia 的 state 中的数据。
- Pinia 支持服务器端渲染。

7.3.2　安装 Pinia

使用包管理工具安装 Pinia，具体命令如下。

```
# 使用 yarn 包管理器安装
yarn add pinia --save
# 使用 npm 包管理器安装
npm install pinia --save
```

上述命令展示了使用两种包管理工具安装 Pinia 的方法，在使用时任选其一即可。

下面演示如何在项目中安装 Pinia，基本步骤如下。

① 打开命令提示符，切换到 D:\vue\chapter07 目录，使用 yarn 创建一个名称为 my-pinia 的项目，具体命令如下。

```
yarn create vite my-pinia --template vue
```

在上述命令中，my-pinia 表示项目名称。

在命令提示符中，切换到 my-pinia 目录，为项目安装所有依赖，具体命令如下。

```
cd my-pinia
yarn
```

② 在 my-pinia 目录下，使用 yarn 安装 Pinia，具体命令如下。

```
yarn add pinia@2.0.27 --save
```

③ 使用 VS Code 编辑器打开 my-pinia 目录。

④ 执行命令启动服务，具体命令如下。

```
yarn dev
```

项目启动后，会默认开启一个本地服务，地址为 http://127.0.0.1:5173/。

至此，my-pinia 项目创建完成，并在项目中成功安装了 Pinia。

7.3.3　使用 Pinia

在项目中使用 Pinia 时，通常先在项目中创建一个 store 模块，然后创建并挂载 Pinia 实例。其中，store 模块是用于管理状态数据的仓库。

创建 src\store\index.js 文件，编写 store 模块的代码，具体代码如下。

```
1  import { defineStore } from 'pinia'
2  export const useStore = defineStore('storeId', {
3    state: () => {},
4    getters: {},
5    actions: {}
6  })
```

在上述代码中，第 1 行代码用于导入 defineStore( ) 函数；第 2 行代码使用 defineStore( ) 函数定义 store 对象，并通过 export 关键字导出 useStore( ) 函数。通过调用 userStore( ) 函数可以获取 store 对象。

defineStore( ) 函数接收 2 个参数，第 1 个参数 storeId 是状态管理容器的名称，也是 store 的唯一 id，必须传入；第 2 个参数是一个配置对象，包含 state、getters 和 actions 属性，具体解释如下。

① state：用于管理数据，它被定义为一个返回初始状态的函数，使得 Pinia 可以同时支持服务器端和客户端。

② getters：用于获取数据之前进行再次编译，从而得到新的数据，类似于 Vue 中的 computed 属性。

③ actions：用于定义事件处理方法，可以进行同步或异步操作。

在 src\main.js 文件中创建并挂载 Pinia 实例，具体代码如下。

```
1  import { createApp } from 'vue'
2  import './style.css'
3  import { createPinia } from 'pinia'
4  import App from './App.vue'
5  const app = createApp(App)
```

```
6  const pinia = createPinia()          // 创建 Pinia 实例
7  app.use(pinia)                       // 导入 Pinia 实例
8  app.mount('#app')
```

在上述代码中，第 3 行代码用于导入 createPinia( )函数；第 6 行代码使用 createPinia( )
函数创建一个 Pinia 实例；第 7 行代码使用 app.use( )方法挂载 Pinia 实例。

7.3.4　Pinia 计数器案例

在 7.2.4 小节讲解过 Vuex 计数器案例，下面将该案例用 Pinia 重新实现，具体步骤如下。

① 清空 src\App.vue 文件中的内容，重新编写如下代码。

```
1  <template>
2    <p>
3      每次增加 1：<button @click="increment">+</button>
4      数字：0
5    </p>
6    <p>
7      每次减少 1：<button @click="reduction">-</button>
8      数字：100
9    </p>
10 </template>
11 <script setup>
12 const increment = () => { }
13 const reduction = () => { }
14 </script>
15 <style>
16 button {
17   background-color: aquamarine;
18 }
19 </style>
```

② 编写 src\store\index.js 文件，具体代码如下。

```
1  import { defineStore } from 'pinia'
2  export const useStore = defineStore('storeId', {
3    state: () => {
4      return {
5        add: 0,
6        reduce: 100
7      }
8    },
9    getters: {},
10   actions: {
11     increase() {
12       this.add++
13     },
14     decrease() {
15       this.reduce--
16     }
17   }
18 })
```

在上述代码中，第 3 ~ 8 行代码在 state 中定义了初始数据；第 10 ~ 17 行代码在 actions
中定义了 increase( )方法和 decrease( )方法。

③ 修改 src\App.vue 文件，调用 actions 中定义的 increase( )方法和 decrease( )方法，具体代码如下。

```
1  <script setup>
2  import { useStore } from './store'
3  import { storeToRefs } from 'pinia'
4  const store = useStore()
5  const { add, reduce } = storeToRefs(store)
6  const increment = () => {
7    store.increase()
8  }
9  const reduction = () => {
10   store.decrease()
11 }
12 </script>
```

在上述代码中，第 2 行代码导入了 useStore( )函数；第 3 行代码导入了 storeToRefs( )函数；第 4 行代码通过 useStore( )函数获取 store 对象；第 5 行代码用于调用 storeToRefs( )函数将 store 对象转换为响应式数据，并解构出了 add 和 reduce 数据；第 7 行代码调用了 store 对象的 increase( )方法；第 10 行代码调用了 store 对象的 decrease( )方法。

④ 在<template>模板中输出 state 中的数据，显示在页面中，具体代码如下。

```
1  <p>
2    每次增加 1：<button @click="increment">+</button>
3    数字：{{ add }}
4  </p>
5  <p>
6    每次减少 1：<button @click="reduction">-</button>
7    数字：{{ reduce }}
8  </p>
```

在上述代码中，第 3 行代码通过{{ add }}输出 state 中定义的 add 变量的值；第 7 行代码通过{{ reduce }}输出 state 中定义的 reduce 变量的值。

保存上述代码，在浏览器中访问 http://127.0.0.1:5173/，页面初始效果与图 7-5 所示的效果相同。单击一次“+”按钮后，运行效果与图 7-6 所示的效果相同。刷新并单击一次“-”按钮后，运行效果与图 7-7 所示的效果相同。

7.3.5　Pinia 模块化

在一个复杂的大型项目中，如果将多个模块的数据都定义到一个 store 对象中，那么 store 对象将变得非常大且难以管理。此时，可以使用 Pinia 直接定义多个模块，Pinia 不需要像 Vuex 一样使用 modules 模块，它可以在 src\store 目录中直接定义对应模块，一个.js 文件为一个模块。

下面演示在 src\store 目录下如何新建 user.js 和 shop.js 文件并将其作为两个模块，具体步骤如下。

① 创建 src\store\user.js 文件，编写用户信息数据，示例代码如下。

```
1  import { defineStore } from 'pinia'
2  export const useUserStore = defineStore('user', {
3    state: () => {
4      return {
5        name: '小明',
6        sex: '男',
```

```
7        age: 18
8      }
9    },
10   getters: {},
11   actions: {}
12 })
```

在上述代码中，第 3 ~ 9 行代码在 state 中定义了 name、sex 和 age 变量。

② 创建 src\store\shop.js 文件，编写商品信息数据，示例代码如下。

```
1  import { defineStore } from 'pinia'
2  export const useShopStore = defineStore('shop', {
3    state: () => {
4      return {
5        list: [
6          {
7            id: '01',
8            name: '手机',
9            price: 2000
10         },
11         {
12           id: '02',
13           name: '音响',
14           price: 5000
15         }
16       ]
17     }
18   },
19   getters: {},
20   actions: {}
21 })
```

在上述代码中，第 5 ~ 16 行代码在 state 中定义了 list 数组，该数组中包含 id、name 和 price 属性。

③ 创建 src\components\User.vue 文件，在页面中显示用户信息数据，具体代码如下。

```
1  <template>
2    <div>user 模块：
3      <p>姓名：{{ name }}</p>
4      <p>性别：{{ sex }}</p>
5      <p>年龄：{{ age }}</p>
6    </div>
7  </template>
8  <script setup>
9  import { useUserStore } from '../store/user.js'
10 import { storeToRefs } from 'pinia'
11 const user = useUserStore()
12 const { name, sex, age } = storeToRefs(user)
13 </script>
```

在上述代码中，第 11 行代码调用 useUserStore( )函数获取 user 对象；第 12 行代码调用 storeToRefs( )函数将 user 对象转换为响应式对象并解构 name、sex 和 age 数据。

④ 修改 src\main.js 文件，切换页面中显示的组件，具体代码如下。

```
import App from './components/User.vue'
```

保存上述代码，在浏览器中访问 http://127.0.0.1:5173/，user 模块的页面效果如图 7-8 所示。

图7-8　user模块的页面效果

⑤ 创建 src\components\Shop.vue 文件，在页面中显示商品信息数据，具体代码如下。

```
1  <template>
2    shop 模块:
3    <div v-for="item in list">
4      <p>商品 id：{{ item.id }}</p>
5      <p>商品名称：{{ item.name }}</p>
6      <p>商品价格：{{ item.price }}元</p>
7    </div>
8  </template>
9  <script setup>
10 import { useShopStore } from '../store/shop.js'
11 import { storeToRefs } from 'pinia'
12 const shop = useShopStore()
13 const { list } = storeToRefs(shop)
14 </script>
```

在上述代码中，第 12 行代码调用 useShopStore( )函数获取 shop 对象；第 13 行代码调用 storeToRefs( )方法将 shop 对象转换为响应式对象并解构 list 数组中的数据。

⑥ 修改 src\main.js 文件，切换页面中显示的组件，具体代码如下。

```
import App from './components/Shop.vue'
```

保存上述代码，在浏览器中访问 http://127.0.0.1:5173/，shop 模块的页面效果如图 7-9 所示。

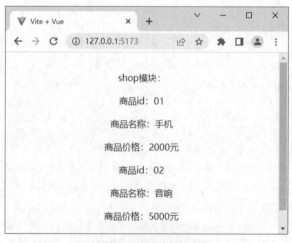

图7-9　shop模块的页面效果

以上内容讲解了 Pinia 模块化的使用方法。随着学习的不断深入，我们所编写的程序会越来越复杂，因此，我们需要练好编程的基本功，不断提升自己的技能水平，不断优化程序的代码。

7.3.6　Pinia 持久化存储

在项目开发中，使用 Pinia 进行状态管理时，若想刷新浏览器后仍保留之前的操作状态，可以通过 Pinia 的持久化插件 pinia-plugin-persist 实现。

若要使用 pinia-plugin-persist 插件，需要先安装它，安装该插件的命令如下。

```
# 使用 npm 包管理工具安装
npm install pinia-plugin-persist -save
# 使用 yarn 包管理工具安装
yarn add pinia-plugin-persist -save
```

在上述命令中，使用了两种包管理工具安装 pinia-plugin-persist 插件，任选其一即可。

接下来在 my-pinia 目录下安装 pinia-plugin-persist 插件，安装命令如下。

```
yarn add pinia-plugin-persist@1.0.0 --save
```

在上述命令中，使用 yarn 包管理工具安装 pinia-plugin-persist 插件。

安装完成后，执行如下命令，启动项目。

```
yarn dev
```

在 src\main.js 文件中导入并挂载 pinia-plugin-persist 插件，具体代码如下。

```
1  import { createApp } from 'vue'
2  import './style.css'
3  import { createPinia } from 'pinia'
4  import piniaPluginPersist from 'pinia-plugin-persist'
5  import App from './components/Shop.vue'
6  const pinia = createPinia()
7  pinia.use(piniaPluginPersist)
8  const app = createApp(App)
9  app.use(pinia)
10 app.mount('#app')
```

在上述代码中，第 4 行代码导入了插件；第 7 行代码使用 pinia.use( )方法挂载插件。

挂载 pinia-plugin-persist 插件后，在模块中实现持久化存储的示例代码如下。

```
1  persist: {
2    enabled: true,
3    strategies: [
4      {
5        key: 'StoreId1',
6        storage: localStorage,
7        paths: ['字段']
8      },
9      {
10       key: 'StoreId2',
11       storage: localStorage,
12       paths: ['字段']
13     }
14   ]
15 }
```

在上述代码中，第 2 行代码中的 enabled 为 true 表示开启数据缓存，开启后，默认会对整个 key 所在的 state 中的数据进行 sessionStorage 存储；第 5 行和第 10 行代码中的 key 默认取值为当前 store 的 id，用户也可以自定义 key 值；第 6 行和第 11 行代码中的 storage 用于设置存储方式，可选值有 localStorage 和 sessionStorage，默认值为 sessionStorage；第 7 行和第 12 行代码中的 paths 用于指定要持久化的字段，未指定的字段则不会进行持久化，如未指定 paths 则表示持久化全部数据。

利用 pinia-plugin-persist 插件可以实现全部数据持久化存储和部分数据持久化存储，下面分别进行讲解。

1. 全部数据持久化存储

下面以 my-pinia 项目为例，演示如何使用 Pinia 实现全部数据持久化存储。当用户单击"增加年龄"按钮时，年龄值将会改变，此时关闭浏览器或刷新页面，要求页面显示最新修改的年龄值，具体步骤如下。

① 在 src\components\User.vue 文件中定义"增加年龄"按钮，具体代码如下。

```
1  <template>
2   <div>user 模块：
3    <p>姓名：{{ name }}</p>
4    <p>性别：{{ sex }}</p>
5    <p>年龄：{{ age }}</p>
6    <button @click="changeAge">增加年龄</button>
7   </div>
8  </template>
```

在上述代码中，第 6 行代码定义了"增加年龄"按钮，并为它绑定了单击事件，用于实现单击按钮增加年龄的效果。

② 修改 src\store\user.js 文件，在 actions 中定义一个改变年龄的方法，并实现持久化存储，具体代码如下。

```
1  actions: {
2   changeAge() {
3     this.age++
4   },
5  },
6  persist: {
7   enabled: true,
8   strategies: [
9     {
10      key: 'user',
11      storage: localStorage
12     }
13   ]
14 }
```

在上述代码中，第 3 行代码用于在 actions 中修改 state 中的数据，通过 this.age 获取 state 中的 age 值，执行自增操作。第 6 ~ 14 行代码用于实现持久化存储。第 7 行代码将 enabled 设置为 true，表示开启数据缓存，开启后会以 useUserStore 的 id 作为 key；第 9 ~ 12 行代码在 strategies 字段中修改默认配置，其中，第 10 行代码将默认的 key 值改为 user，第 11 行代码设置存储方式为 localStorage。

③ 在 src\components\User.vue 文件中定义 changeAge( )方法，在该方法中调用 actions 中定义的 changeAge( )方法，具体代码如下。

```
1  const changeAge = () => {
2    user.changeAge()
3  }
```

④ 修改 src\main.js 文件，切换页面中显示的组件，具体代码如下。

```
import App from './components/User.vue'
```

保存上述代码，在浏览器中访问 http://127.0.0.1:5173/，全部数据持久化存储的初始页面效果如图 7-10 所示。

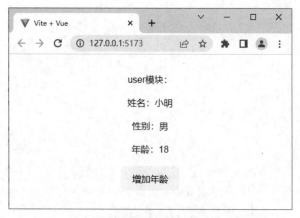

图7-10　全部数据持久化存储的初始页面效果

单击 2 次"增加年龄"按钮后的页面效果如图 7-11 所示。

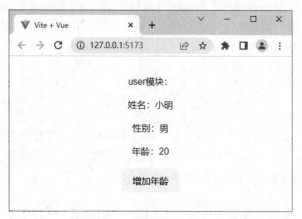

图7-11　单击2次"增加年龄"按钮后的页面效果

如图 7-11 所示，年龄值变为 20，此时刷新页面后，年龄值仍为 20，表明已实现数据的持久化存储。

2. 部分数据持久化存储

在前面的学习中，当在模块中添加了持久化存储的代码后，该模块下所有的数据都会持久化存储。若不想存储全部数据，只想按需持久化部分数据，则可以通过配置 paths 指定要持久化的字段。

下面以 my-pinia 项目为例，演示如何使用 Pinia 实现部分数据持久化存储。在页面中新增一个"改变姓名"按钮，当用户单击"增加年龄"按钮时，年龄值将会改变；当用户单击"改变姓名"按钮时，姓名值将会改变。当关闭浏览器或刷新页面后，要求页面显示最新修改的年龄值，而不保存最新修改的姓名值。具体步骤如下。

① 修改 src\store\user.js 文件，在 actions 中定义一个改变姓名的方法，具体代码如下。

```
1 changeName() {
2   this.name = '小亮'
3 }
```

在上述代码中，第2行代码通过 this.name 将姓名修改为"小亮"。

② 修改 src\store\user.js 文件中持久化存储的代码，通过 paths 指定要持久化存储的字段，具体代码如下。

```
1 persist: {
2   enabled: true,
3   strategies: [
4     {
5       key: 'user',
6       storage: localStorage,
7       paths: ['age']
8     }
9   ],
10 }
```

在上述代码中，第7行代码使用 paths 设置 age 为持久化字段。由于 name 字段没有设置到 paths 中，所以 name 字段不会进行持久化存储。

③ 在 src\components\User.vue 文件中找到"增加年龄"按钮，在该按钮下方增加一个"改变姓名"按钮，具体代码如下。

```
<button @click="changeName">改变姓名</button>
```

在上述代码中，为"改变姓名"按钮绑定了单击事件，用于实现单击按钮改变姓名的效果。

④ 修改 src\components\User.vue 文件，定义 changeName( )方法，在该方法中调用 actions 中定义的 changeName( )方法，具体代码如下。

```
1 const changeName = () => {
2   user.changeName()
3 }
```

保存上述代码，在浏览器中访问 http://127.0.0.1:5173/，打开开发者工具。在控制台面板中执行 localStorage.clear( )清除 localStorage 数据，清除后关闭开发者工具并刷新页面，部分数据持久化存储的初始页面效果如图7-12所示。

图7-12　部分数据持久化存储的初始页面效果

单击"增加年龄"按钮，年龄从 18 变为 19，年龄改变的效果如图 7-13 所示。

图7-13　年龄改变的效果

单击"改变姓名"按钮，姓名会从"小明"变为"小亮"，姓名改变的效果如图 7-14 所示。

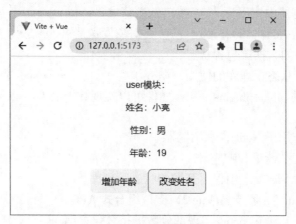

图7-14　姓名改变的效果

刷新页面后的页面效果如图 7-15 所示。

图7-15　刷新页面后的页面效果

从图 7-15 可以看出，页面中显示的年龄为 19，姓名为小明，说明成功实现了年龄数据的持久化存储效果。

本章小结

本章对 Axios、Vuex 和 Pinia 的相关内容进行了详细介绍。首先介绍了 Axios 的概念、安装和使用方法，并使用 Axios 实现了图书列表案例；然后介绍了 Vuex 的概念、安装和使用方法，并使用 Vuex 实现了计数器案例；最后介绍了 Pinia 的概念、安装和使用方法，并使用 Pinia 实现了计数器案例、模块化和持久化存储。通过本章的学习，读者能够将所学技术运用到实际项目开发中。

课后习题

一、填空题

1. Axios 在浏览器中使用＿＿＿＿接口发送请求。
2. Axios 运行在 Node.js 时，使用＿＿＿＿对象发送请求。
3. Vuex 中的单向数据流包含状态、＿＿＿＿和操作。
4. Pinia 简化了状态管理库的使用，抛弃了＿＿＿＿，只有 state、getters 和 actions。
5. 通过 Pinia 的 pinia-plugin-persist 插件可以实现数据的＿＿＿＿存储。

二、判断题

1. Axios 可以作用于 Node.js 和浏览器中。（　　　）
2. Axios 支持拦截请求和响应。（　　　）
3. Vuex 是专为 Vue.js 应用程序开发的状态管理库。（　　　）
4. Pinia 支持 Vue 3，不支持 Vue 2，支持组合式 API。（　　　）
5. 在 Pinia 中可以通过 paths 实现部分数据持久化存储。（　　　）

三、选择题

1. 下列选项中，关于 Axios 特性的说法错误的是（　　　）。
A. 支持拦截请求和响应
B. 可以转换请求数据和响应数据
C. 安全性高，客户端支持防御 CSRF
D. 支持大多数的 API

2. 下列选项中，关于 Vuex 中 state、mutations、actions 和 modules 的说法正确的是（　　　）。（多选）
A. state 用于管理数据，且数据是响应式的，当数据改变时驱动视图更新
B. mutations 用于更新数据，state 中的数据只能使用 mutations 改变
C. actions 用于定义事件处理方法，把数据提交给 mutations，可以直接修改 state
D. modules 用于定义模块对象

3. 下列选项中，关于 Pinia 的说法错误的是（　　　）。
A. Pinia 提供了完整的 TypeScript 支持

B. Pinia 使用 modules 划分模块，代码更加简洁

C. Pinia 支持 Devtools 调试工具，方便进行调试

D. Pinia 支持服务器端渲染

4. 下列选项中，关于 Axios 的说法错误的是（　　　）。

A. Axios 是基于 Promise 的 HTTP 库

B. Axios 在浏览器中使用 XMLHttpRequest 接口发送请求

C. Axios 在 Node 环境中使用 HTTP 对象发送请求

D. Axios 不支持 post 请求

四、简答题

1. 请简述 Axios 的主要特性。

2. 请简述 Vuex 中 state、mutations、getters、actions 和 modules 的作用。

3. 请简述 Pinia 的主要优点。

4. 请简述如何使用 Pinia 实现数据持久化局部存储。

五、操作题

请使用 Pinia 实现年龄的持久化存储，在页面中显示年龄初始值为 20，单击"年龄+"按钮，年龄值会每次自增 1，刷新浏览器后，显示修改后的年龄值。

第 **8** 章

项目实战——
"微商城"前后台开发

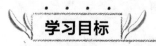

学习目标

★ 熟悉项目的前台页面效果，能够说出前台项目包含的页面和主要功能

★ 熟悉项目的后台页面效果，能够说出后台项目包含的页面和主要功能

★ 掌握项目的具体实现，能够独立完成项目各个页面的编写

随着移动通信技术和互联网行业技术的发展，移动电子商务的应用越来越广泛，移动端订单数量占比很大，表明移动电子商务平台有巨大的发展空间和潜力。"微商城"项目分为前台和后台，前台是一个电子商务移动端网站，用于展示商品，用户可以进入网站浏览商品并将需要购买的商品添加到购物车中；后台是一个管理系统，商家可以通过该系统实现对商品的分类、查询、添加、编辑、删除以及对个人信息的修改。本章将对"微商城"前后台开发项目实战进行讲解。

8.1 项目分析

"微商城"项目分为前台和后台，本节将对前台、后台的页面效果进行展示，并分析前台和后台的主要功能，使读者对"微商城"项目有整体的认识。

8.1.1 项目前台分析

"微商城"前台网站主要以适配移动设备的页面效果为主，可使用 Chrome 浏览器的开发者工具，测试页面在移动端模拟环境下的页面效果。"微商城"网站采用 Vant 组件库结合 Vue 3 实现，主要包括"首页""分类""商品详情""消息""购物车""我的"等页面。下面将对这些页面分别进行展示。

1. 首页

首页是程序的入口页面。用户打开程序，映入眼帘的就是该页面，它的界面设计影响用户的体验。首页比较长，下面分成上半部分、中间部分和下半部分进行介绍。

首页上半部分的页面效果如图 8-1 所示。

图8-1 首页上半部分的页面效果

首页从上到下分别是搜索框、轮播图、功能按钮区、商品信息展示区、底部导航栏。其中，搜索框使用 van-search 组件实现，当用户未在搜索框中输入内容时，会默认显示"请输入搜索关键词"，图 8-1 展示了未输入内容时的搜索框状态；当用户在搜索框中输入内容并获得焦点后，此时搜索框中会显示一个 ◎ 按钮。如果用户想要搜索内容，则可以单击 ◎ 按钮；如果用户想要清空输入的内容，则可以单击 ◎ 按钮，输入内容时的搜索框状态如图 8-2 所示。

图8-2 输入内容时的搜索框状态

轮播图使用 van-swipe 组件实现，用于循环播放一组图片。其中，图片需要全屏显示，即长度和宽度都需要设置为 100%；功能按钮区使用 van-grid 组件实现，用于在水平方向上把页面分隔成等宽的 5 个格子，每个格子之间的间距为 5px，用于展示内容；商品信息展示区使用 ul、li 元素进行布局；底部导航栏用于显示当前选中标签的名称，当前选中的是首页。

首页中间部分的页面效果如图 8-3 所示。首页中间部分显示每周上新的商品，主要用于维护老顾客，持续刺激用户新的购买需求，同时也会吸引更多新消费者的注意力。

首页下半部分的页面效果如图 8-4 所示。首页下半部分显示网站中的热销商品，例如在综合销量或浏览量排行榜中排名靠前的商品。

图8-3　首页中间部分的页面效果

图8-4　首页下半部分的页面效果

2. 分类

分类的页面效果如图 8-5 所示。

分类页面中有左侧菜单栏和右侧商品列表，单击左侧菜单栏，右侧商品列表会滚动到相应的分类；滑动右侧商品列表，左侧菜单栏的样式会相应改变。滚动效果在这里使用 better-scroll 插件实现，核心借鉴了 iscroll 的实现原理，相应的 API 设计基本兼容 iscroll，但是在 iscroll 的基础上又做了扩展和性能优化。

3. 商品详情

单击分类页面中的商品，会跳转到相应商品的详情页。商品详情比较长，下面分成上半部分和下半部分进行介绍。

商品详情上半部分的页面效果如图 8-6 所示。

通过轮播图的形式显示商品的图片，轮播图下面显示商品的标题、价格、运费和剩余库存等。单击顶部的返回按钮 会跳转到分类页面。

图8-5　分类的页面效果

图8-6　商品详情上半部分的页面效果

商品详情下半部分的页面效果如图 8-7 所示。

图 8-7 显示商品的发货、保障、参数和宝贝详情。其中，参数包括品牌和价格，宝贝详情展示了商品的详情图片。底部显示了"客服"按钮、"购物车"按钮、"加入购物车"按钮和"立即购买"按钮。其中，通过单击"加入购物车"按钮可以完成商品加入购物车的操作。单击"购物车"可以跳转到购物车页面。

4. 消息

消息的页面效果如图 8-8 所示。

图8-7　商品详情下半部分的页面效果

图8-8　消息的页面效果

　　图 8-8 所示的页面用于展示已设置接收消息的群组列表，例如店铺消息、消息号内容、订阅号消息等，可以方便查找用户与客服的聊天记录。

5. 购物车

购物车的页面效果如图 8-9 所示。

勾选相应商品后，单击"删除"按钮，可以把商品从购物车中删除；单击"+"按钮可以将当前商品的数量加 1；单击"-"按钮可以将当前商品的数量减 1；勾选商品前面的复选框，可以选中当前商品，并会自动合计已勾选商品的金额，显示在"合计"处，将已勾选商品的数量显示在"结算"处。

6. 我的

"我的"页面效果如图 8-10 所示。

图8-9　购物车的页面效果

图8-10　"我的"页面效果

　　用户信息有两种状态，分别是已登录和未登录。图 8-10 展示了已登录状态，在该状态下，页面会显示当前登录的用户名"王女士"和"退出"按钮；单击"退出"按钮，就会退出登录。页面中会显示"待付款""待收货""待评价""退货/售后"链接，单击链接会查看相应的信息。单击"全部订单"会跳转到订单页，查看全部的订单；单击"我的积分"会跳转到积分页，查看账号中的积分列表；单击"我的优惠券"会跳转到优惠券页，查看所有的优惠券；单击"我的红包"会跳转到红包页，查看所有的红包。

　　在未登录状态下，页面显示"登录"链接和"注册"链接，分别用来进行用户登录和用户注册，未登录状态如图 8-11 所示。

图8-11　未登录状态

8.1.2　项目后台分析

"微商城"后台管理系统中主要包含登录页、首页、分类管理页、商品管理页、个人中心页，接下来分别对这些页面进行展示。

1.　登录页

登录页如图 8-12 所示。

图8-12　登录页

图 8-12 中展示了用户登录表单，输入用户名、密码后，单击"登录"按钮即可登录。单击"重置"按钮，会清空用户名和密码输入框中输入的信息。

2.　首页

首页分为头部和主体区域，如图 8-13 所示。

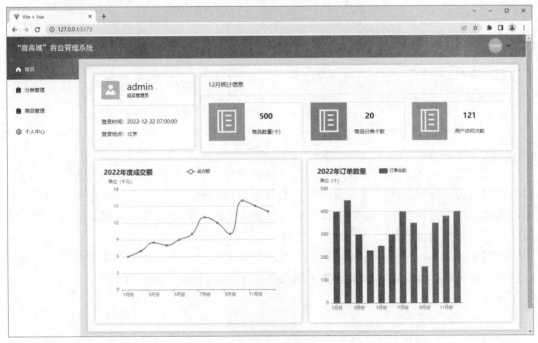

图8-13　首页

头部区域从左到右分别是导航栏标题和用户信息。当鼠标指针移动到头像区域时，会展示下拉选项，具体如图 8-14 所示。

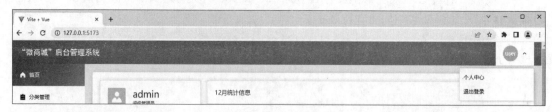

图8-14 下拉选项

3. 分类管理页

分类管理页如图 8-15 所示。

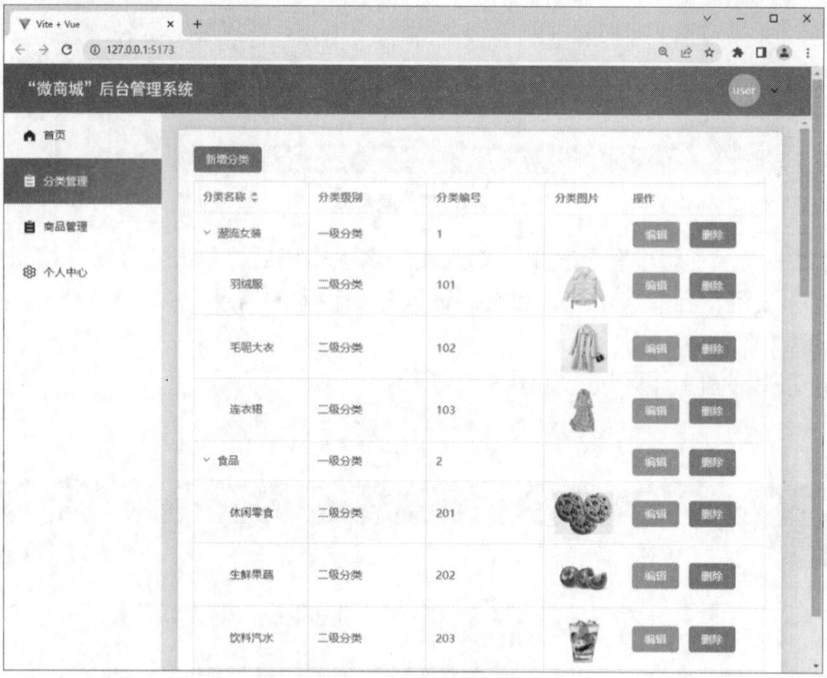

图8-15 分类管理页

页面中展示关于分类的相关信息，包含分类名称、分类级别、分类编号和分类图片。单击页面中的"编辑"按钮可以对该行分类信息进行编辑操作，单击页面中的"删除"按钮可以对该行分类信息进行删除操作。单击页面上方的"新增分类"按钮，可以新增分类信息。新增分类页如图 8-16 所示。

如图 8-16 所示，页面采用表单布局，用户在新增分类时可以添加分类名称、二级分类等信息。如果该新增分类为二级分类，那么需要选择上级分类和分类图片。

图8-16 新增分类页

4. 商品管理页

商品管理页如图 8-17 所示。

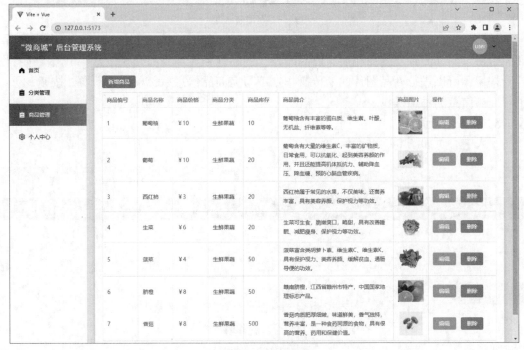

图8-17 商品管理页

图 8-17 中展示了关于商品的相关信息，包含商品编号、商品名称、商品价格、商品分

类、商品库存、商品简介、商品图片等。单击页面中的"编辑"按钮可以对该行商品信息进行编辑操作，单击页面中的"删除"按钮可以对该行商品信息进行删除操作。单击页面上方的"新增商品"按钮，可以新增商品信息。新增商品页如图 8-18 所示。

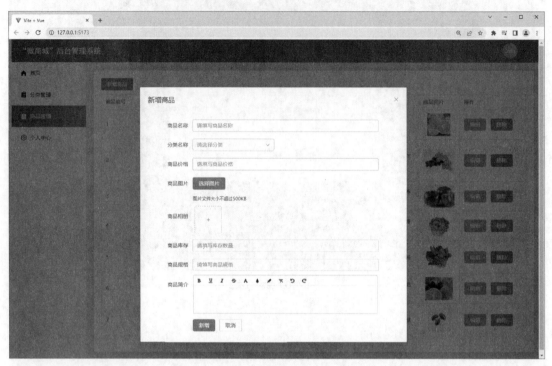

图8-18　新增商品页

如图 8-18 所示，页面采用表单布局，用户在新增商品时可以添加商品名称、分类名称、商品价格、商品图片、商品相册、商品库存、商品规格、商品简介等信息。单击"选择图片"按钮，可以进行商品图片的上传操作。填写完商品信息后，单击"新增"按钮，可以进行商品信息的添加操作。

5. 个人中心页

个人中心页如图 8-19 所示。

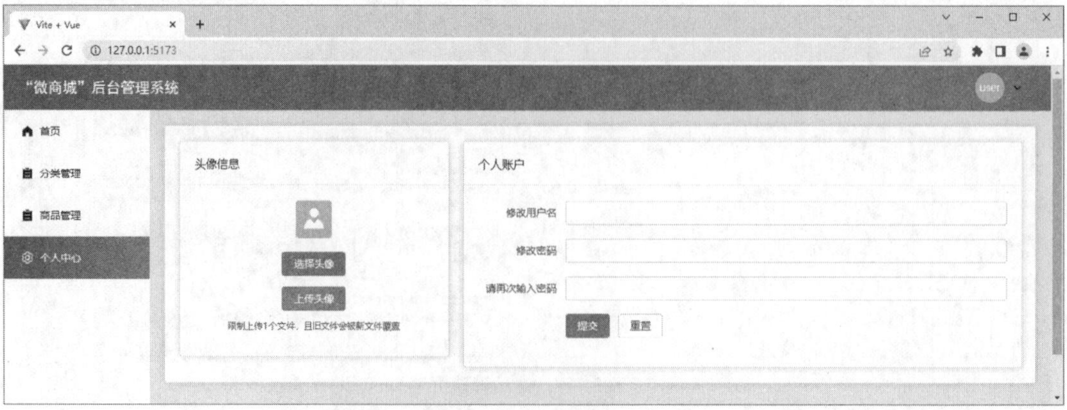

图8-19　个人中心页

图 8-19 所示的页面包含左侧和右侧两个模块。左侧模块用于对用户头像信息进行修改，单击"选择头像"按钮可以对头像进行更改，单击"上传头像"可以将头像上传到服务器。右侧模块用于对个人账户信息进行修改，可对用户名和密码进行修改。单击"提交"按钮可以完成对用户名和密码的修改，单击"重置"按钮可以对页面中输入的要修改的用户名和密码进行重置。

8.2　项目开发说明

为了方便读者练习本项目，在本书的配套源代码中提供了完整的项目代码和开发文档，开发文档中有详细的操作步骤，读者可通过开发文档进行学习。

为了方便读者学习，下面对配套源代码的目录结构进行介绍。

- chapter08：项目文件夹，用于存放项目前台文件、后台文件。
- chapter08\my-shop：项目前台根目录，用于存放项目前台源代码。
- chapter08\shop-system：项目后台根目录，用于存放项目后台源代码。

为了便于读者熟悉项目的页面效果和功能，可以直接将前台项目、后台项目运行起来，步骤如下。

1. 运行前台项目

在命令提示符中切换到 chapter08\my-shop 目录，执行如下命令，安装项目的全部依赖。

```
yarn
```

启动项目，具体命令如下。

```
yarn dev
```

项目启动后，会默认开启一个本地服务。根据命令提示符中显示的 URL 地址，在浏览器中访问，即可查看项目页面效果。

2. 运行后台项目

在命令提示符中切换到 chapter08\shop-system 目录，执行如下命令，安装项目的全部依赖。

```
yarn
```

启动项目，具体命令如下。

```
yarn dev
```

项目启动后，会默认开启一个本地服务。根据命令提示符中显示的 URL 地址，在浏览器中访问，即可查看项目页面效果。

本章小结

本章讲解了"微商城"前台、后台网站的项目分析和项目开发说明。通过本章的学习，读者能够按照开发文档进行"微商城"前台、后台网站的开发，能够独立完成各个页面的编写，并能够掌握项目的开发思路和关键代码，积累项目开发经验。